人人都能戒掉拖延症

战胜拖延症的行动指南

Brent◎著

EVERYONE
CAN QUIT
PROCRASTINATION

北京大学出版社
PEKING UNIVERSITY PRESS

内容提要

面对拖延顽疾，我们怎么办？本书针对各种原因导致的拖延情况都给出了详细的"战拖"策略及行动方案，力求做到因病施药，药到病除！事实上，每一场与拖延症的战斗，都是与另一个自己和解的过程。

本书最大的特点是把手机APP变成了战胜拖延症的"神器"，你只要有一部手机、一款APP，就能与拖延症说再见！

让我们马上行动起来，在不经意间摆脱拖延症的控制！

图书在版编目(CIP)数据

人人都能戒掉拖延症：战胜拖延症的行动指南 / Brent著. — 北京：北京大学出版社, 2017.4

ISBN 978-7-301-28101-7

Ⅰ. ①人… Ⅱ. ①B… Ⅲ. ①成功心理—通俗读物 Ⅳ. ①B848.4-49

中国版本图书馆CIP数据核字(2017)第027572号

书　　名	人人都能戒掉拖延症：战胜拖延症的行动指南 REN REN DOU NENG JIEDIAO TUOYANZHENG
著作责任者	Brent 著
责任编辑	尹　毅
标准书号	ISBN 978-7-301-28101-7
出版发行	北京大学出版社
地　　址	北京市海淀区成府路205号　100871
网　　址	http://www.pup.cn　新浪微博：@北京大学出版社
电子信箱	pup7@pup.cn
电　　话	邮购部 62752015　发行部 62750672　编辑部 62580653
印 刷 者	北京大学印刷厂
经 销 者	新华书店 880毫米×1230毫米　32开本　8.125印张　182千字 2017年4月第1版　2018年3月第4次印刷
印　　数	9001-12000册
定　　价	28.00元

未经许可，不得以任何方式复制或抄袭本书之部分或全部内容。
版权所有，侵权必究
举报电话：010-62752024　电子信箱：fd@pup.pku.edu.cn
图书如有印装质量问题，请与出版部联系，电话：010-62756370。

拖延症不是病,但是危害性一点都不低,而且拖延症属于"慢性病",一旦患上,只会越来越严重,很难一次性根除,唯有通过长期治疗才能减缓并最终痊愈。

在我看来,与拖延症联系最紧密的一种病便是"穷病",这种病的痛苦程度绝不亚于其他生理性疾病,一旦染上将终生遭罪。

托马斯·C.科利做过一项研究,他花费了5年的时间,跟踪研究了177个白手起家的百万富翁,观察他们的生活习惯,结果显示,这些人都与拖延症无缘。

托马斯·C.科利认为:"即使是最有才能的人,若是拖延的话,也无法成功。"

当年颇负盛名的励志作家拿破仑·希尔也进行过相关研究，他的调研对象基数更大——500位富豪。调查结果显示，这些人都有迅速决策的习惯。

拖延的坏习惯会让你失去很多机会，也是导致你贫穷的主要原因之一。你的老板、同事会因为拖延而不信任你，你的客户会因为拖延与你断绝合作关系。也就是说，你的"钱途"直接与你的习惯相关。一个做事雷厉风行、行动力极高的人，自然会得到人们的信任与青睐，从而获得更多的机会。

如果你有一个财富梦想，那么就必须改掉拖延的习惯，不要想当然地认为自己是高效能人士。各类拖延症的调查报告显示，保守估计，至少有50%以上的人有拖延行为，这个数据甚至可能超过75%，真正的高效能人士微乎其微。

本书的目的不是将你变成一台高速运转的机器，即便是那些大公司高管也做不到。本书只是借助最先进的方法，辅以高科技手段——APP治疗法，帮你减缓拖延行为。

说一说本书的奇妙之处。本书每章的第一节都设有【测一测】板块，别小看这个板块，几乎80%以上的拖延症患者都不自知，也就是说，他们都认为自己"没毛病"，且对现状很满意。

这也是导致他们越来越慢的原因，既然你买了这本书，就说明你开始意识到自己的效率出了问题，那么第一步就是认清自己，测一测自己到了拖延的什么地步，是"身体微恙"，还是"病入膏肓"，到了无可救药的地步。

此外，本书通过大量调查，讲述了很多"病友"的实际案例，具有普遍性，代表了一种社会现象，并结合心理学家的分析，总结出各类症状的心理病因，从而从"根"上解决问题。

我们知道，任何治疗拖延症的方法都是起到辅助作用的，心理病因才是根本，所以想要根除，就要解决心理问题。

本书跟市场上的同类书相比，有什么独到之处呢？本书不仅提供了详细的心理疗法，还引入了当下最实用的"战拖"神器——手机APP。

一部手机 + 一款 APP
终结
拖延症！

大多数拖延症患者是手机控，他们在玩手机上浪费的时间多到不可思议，随着各种时间管理类APP的盛行，拖延症患者终于有了福音。如果能够养成使用APP治疗的习惯，把用来刷微博、朋友圈的时间分一点用在时间管理类的APP上，那么效率就会成倍提升，拖延的症状也会随之缓解。

这是一本神奇之书，找到了人性的弱点，利用人们对手机的依赖程度，成功将APP与"战拖"相结合。

朋友们，开始行动吧！一本书，一款APP，你的拖延习惯就会因此而改变，并最终得到缓解甚至痊愈！

在本书的编写过程中，我们竭尽所能地为您呈现最好、最全的实用功能，但仍难免有疏漏和不妥之处，敬请广大读者不吝指正。若您在学习过程中产生疑问或有任何建议，可以通过E-mail或QQ群与我们联系。

投稿信箱：pup7@pup.cn
读者信箱：2751801073@qq.com
读者交流群：558704870（ReadHome）

上篇　拖延症心理学

第1章　拖延症这东西，你真的了解吗？// 003

【测一测】你有拖延症吗？// 003

社会现象：这是一个人人都有拖延症的时代 // 006

心理诱因：心理学家教你如何克服拖延症 // 009

典型案例：一个拖延症患者的自白 // 014

【思维导图】：拖延症类型分析 // 017

第2章　拖延症把你折磨得不轻吧 // 020

【测一测】你的自信心够强吗？// 020

社会现象：拖延带来愉悦感 // 024

心理诱因：压力与最佳动机水平 // 026

典型案例：明天再说吧 // 028
【五大危害】：拖延症如何毁掉你的人生 // 032

第3章　完美主义者的挽歌 // 038

【测一测】你是完美主义者吗？// 038
社会现象：追求完美导致拖延 // 040
心理诱因："完美主义让人瘫痪" // 044
典型案例：完美主义者的悲剧人生 // 047
【解决方法】先完成，再完美 // 049

第4章　对失败的恐惧 // 054

【测一测】你对失败的恐惧有多深？// 054
社会现象：我们都在逃避什么？// 056
心理诱因：失败恐惧症 // 060
典型案例：想太多的"猪" // 061
典型案例：逃无可逃的女孩 // 063
【解决方法】我们该如何面对失败的恐惧 // 065

第5章　懒是你不愿行动的原因 // 069

【测一测】你的懒惰指数有多高？// 069
社会现象："世界上99%的人都是贪图安逸的" // 071
心理诱因：深陷"心理舒适区" // 074
典型案例：起床困难户如何通过APP自救 // 080
【解决方法】把日程排满，不给懒惰留时间 // 083

下篇　拖延症治疗实践

第6章　拖延是种病，改变习惯才能被治愈 // 091

【测一测】从工作习惯来看你是否热爱自己的工作 // 091

社会现象：习惯性拖延症候群 // 093

　　方法1：立即行动帮你杀死拖延 // 096

　　方法2：事前准备让成功概率大增 // 101

　　方法3：提前完成任务确保万无一失 // 104

【APP自疗神器】每天一个好习惯 // 107

第7章　重压之下效率低下，怎么办 // 121

【测一测】你的心理承受能力有多强？// 121

社会现象：重压之下行动迟缓 // 124

　　方法1：一次只担心一件事 // 127

　　方法2：对抗忧虑 // 131

【APP自疗神器】种一棵小树，专注一段时光 // 134

第8章　不懂目标管理，你就快不起来 // 140

【测一测】你的目标意识有多强？// 140

社会现象：缺少目标的人，做事快不起来 // 143

　　方法1：把事做完再放松 // 146

　　方法2：分解任务 // 152

【APP自疗神器1】通过奖励与成就感自我激励 // 155

【APP自疗神器2】计划管理这么玩 // 165

【APP自疗神器3】行动力 // 175

第9章 学会整理工作，告别低效能 // 182

【测一测】你的工作效率怎么样？// 182

社会现象：低效能人士遍布职场 // 185

  方法1：高效能人士的文档整理术 // 189

  方法2：办公桌的整理 // 193

  方法3：电子邮件的整理方法 // 196

【APP自疗神器】用"印象笔记"完成工作整理 // 201

第10章 拖延症患者最渴望的时间管理魔法 // 206

【测一测】时间管理能力自测 // 206

社会现象：不善于管理时间的人效率都不会太高 // 210

  方法1：增强计划性，做事慢不了 // 213

  方法2：20分钟黄金高效法则 // 216

  方法3：GAINS法则 // 220

  方法4：拒绝三分钟热度，坚持改变拖延 // 225

【APP自疗神器1】你的时间都花在哪里了 // 230

【APP自疗神器2】番茄工作法VS拖延症——pomotodo番茄土豆 // 238

上篇

拖延症心理学

第1章
拖延症这东西，你真的了解吗?

CHAPTER 1

【测一测】你有拖延症吗?

> 嘿，你有拖延症吗?
> 我有啊，你有吗?
> 我也有耶!

这是一个追求高效率的时代，中国人又是世界上最勤奋的民族之一，如果说日本人加班是民族文化，中国人则是真拼，不仅加班，还要求高效。

然而，即便如此，很多人仍有同样的困惑，忙忙碌碌却效能平平。实际上，每个人或多或少都在饱受拖延症的困扰。

不信?

测一测就知道了。

如实回答下面的题目，看看你的拖延症严重到了什么程度。

1. 工作任务总是在快到期限的时候才完成。

    A. 是   B. 否

2. 总是临近下班的时候开始忙碌，不知道将时间浪费在哪里。

    A. 是   B. 否

3. 没有工作规划，想起什么做什么。

    A. 是   B. 否

4. 除非紧急任务，其他任务总是紧张不起来。

    A. 是   B. 否

5. 有磨洋工心理，当一天和尚撞一天钟。

    A. 是   B. 否

6. 懒惰成性，能拖就拖。

    A. 是   B. 否

7. 习惯性分神，很容易被琐事打扰。

    A. 是   B. 否

8. 做事缺乏信心，总认为做不好而导致拖延。

    A. 是   B. 否

9. 微博、微信、QQ、邮件……有响动必查必回。

    A. 是   B. 否

10. 欲望不足，知足常乐心态导致行动力低下。

    A. 是   B. 否

11. 工作缺乏逻辑性，时间管理技巧差。

    A. 是   B. 否

12. 情绪化严重，不顺心的时候工作效率低。

    A. 是   B. 否

13. 没有目标，对于非即时回报缺少动力。

    A. 是　B. 否

14. 意志力不强，稍微困难的任务就无法坚持下去。

    A. 是　B. 否

15. 重压之下习惯性拖延。

    A. 是　B. 否

计分标准：选"是"得1分，选"否"不得分。

测试结果：

0~4分：轻度拖延。恭喜你，你的拖延症在正常范围之内，要知道90%的人都会有拖延症，所以不用担心，继续保持下去。

5~11分：中度拖延。虽然有些严重，但是作为普通员工，你的拖延症依旧处于可控范围之内。然而如果想更进一步，成为高效能人士，你就必须改变工作习惯，找出导致拖延的原因。

12~15分：重度拖延。你一定要引起重视，当一个人的拖延症达到重度水准，也就意味着会拥有一个失败的职业生涯。你需要重新审视自我，进行职业定位，比如是不是因为对目前的工作不感兴趣，或者是不擅长，从而导致拖延。如果不做出改变，你很可能成为一个平庸的人。

社会现象：这是一个人人都有拖延症的时代

你有拖延症，他有拖延症，我也有拖延症。

这是一个拖延症泛滥的时代，我们拼命工作却效率低下，碌碌无为却找不到根治方法。

这是最好的时代，因为互联网来了，科技高速发展，人们拼命赚钱；这是最坏的时代，因为很多人都在瞎忙，耗时低效，平庸忙碌。

拖延症的问题已经深入骨髓，严重影响到人们的工作与生活，以至于在网上有很多志同道合的拖延症患者凑在一起，为找到根治方法而绞尽脑汁。

豆瓣的拖延症小组

我们都是拖延症
138572 个战拖者 在此聚集
明明知道那么多事情堆在眼前，摊开的文封该飞出去的邮件……还有自己焦急不安的小

战胜拖延症大龄成才住院部
14100 个人才 在此聚集
拖延症，英文Procrastination。拖拉是阻碍个二十的人认为自己是长期拖拉的人。作为中国

知乎的拖延症词条

果壳的"战拖"小组

这些是意识到并准备做出改变的人,还有数以万计无意识的拖延症患者在不知不觉中浪费着宝贵的时间。

据国外研究者统计,每 5 个人之中,就有 1 个人存在拖延现象。多么恐怖的数据啊!这也是本节用"人人都有拖延症"作为标题的原因。

如果以国外这个统计数据为标准,中国有 13.68 亿人,其中 20% 的人有拖延症,那么至少有 2.7 亿人存在拖延行为。

这些人浪费了多少时间?换算成人民币又是多少?如果每个人的效率提升几个百分点,是不是中国早就超越美国成为超级大国了?

可现实情况是,我们还在为各种琐事拖延,任凭面前摆着一大堆待处理的工作，就是不想干，即便干也干不快。这也是让很多老板头疼的事情，花钱雇了一群效率低下的无能之辈，还老抱怨自己的工资总也上不去。

拖延症直接影响到一个人的收入，抛开其他因素，同样的工作，效率高的人总能拿到更多的薪水。

吸引力足够了吧？

又想错了，谁都喜欢钱，但是拖延症患者对此欲望似乎并不强烈。这些人做事拖延，往往跟回报延迟有关，因为他们看不到未来，预期收入并不能激发他们的兴趣，所以养成了混日子的习惯。

焦虑、压力也是产生拖延症的原因之一，如今人们的压力越来越大，房贷、车贷、养孩子，想想就头疼。想赚钱就要多做事，多做事烦恼自然就多，烦恼越多压力就越大，结果不但没能提高效率，反而还形成了拖延的习惯。

造成拖延症的原因有很多，有些人是消极拖延，有些人则属于积极拖延。前者很常见，后者是因为拖延并没有给他们带来实质性危害，当然这只是他们自己认为的，因为他们习惯于赶在最后一刻完成任务，且短时间内取得了不错的效果，于是自我感觉良好。

他们会认为自己适合在高压下工作，从而形成了习惯。要知道，如果他们每一刻都能这样工作，绝不会是现在的职位与薪水。

此外，完美主义也是产生拖延症的原因之一。很多人总想"再做得好一点"，结果却拖延了工作。

总之，患有拖延症的人群越来越多，而且原因五花八门。只有先确定自己属于哪一种拖延症类型，然后找到相应的解决方法，才是治愈拖延症的良方。关于这一点,在本章最后一节会予以介绍。

心理诱因:心理学家教你如何克服拖延症

造成拖延症的原因,很大一部分源自心理,懒惰、恐惧、压力太大等因素都会造成拖延。因此治愈拖延症不能寄希望于外部工具,各种 APP 或是时间管理方法都只是起辅助作用的,关键还是要解决心理问题。

造成拖延症的心理诱因

1. 99%的人都是贪图安逸的

贪图安逸,说白了就是懒。按照加拿大卡尔加里大学皮尔斯·斯蒂尔教授的理论,懒散心理可以归结为动力缺失。

皮尔斯是研究拖延症方面的专家,他研究出一个公式:

$$U=EV/ID$$

其中,U 代表效率,E 代表信心,V 代表愉悦程度,I 代表分心指数,D 代表回报。

皮尔斯说:"这个公式能够让自己通过分析分子分母的大小,来帮助拖延症患者把他们的拖延方式降到最低。"

懒惰的人消极懈怠,缺乏行动的欲望,完全符合皮尔斯所说的"动力缺失"标准。

当然,这里所说的懒惰导致拖延,不包括那些自愿"懒惰"

的人，因为他们追求的是一种轻松的生活方式。

美国某心理学家曾经在网上跟一位网友交流，该网友表示自己很懒，如果没有人监督他，他就不想干活，每天的工作都会拖到临近下班才开始做。在家也是如此，虽然自己也看着屋子乱，可就是不想动手收拾，只想坐在沙发上看电视。

心理学家认为这是典型的懒惰引起的拖延症，解决方法很简单，就是给自己一个期待。设想完成任务之后的样子，比如你把工作任务完成得又好又快，那么上司一定会表扬你，同事也会对你刮目相看；把家里收拾得焕然一新，敞亮干净，自己的心情也会好起来。

缺少行动欲望，那就给自己一个目标、一个期待，通过想象任务实现后的样子来激励自己，从而逐渐摆脱懒惰心理。

2.畏难情绪

恐惧心理也是导致迟迟不愿行动的原因。很多人在面对困难任务的时候总会犹豫，担心自己做不好，且无法在最后期限之前完成任务。对失败的恐惧，导致他们最终一事无成。

加利福尼亚大学伯克利分校的理查德·比瑞博士认为，害怕失败的人可能有一套自己的假设：

从事的任务直接反映了个人能力与个人价值；

能力越强，自我价值感越高。

比瑞博士用以下公式来表示上述假设：

$$自我价值感 = 能力 = 表现$$

即任务做得好，就说明能力强，从而就欣赏自己；反之，任务完成得不好，就表示能力差，从而认为自己很糟糕。

一旦产生这样的想法，就会导致拖延。他们会认为，只要做不好，就将成为一个失败的人，这是他们无法承受的，那么比瑞博士的公式就会变为：

$$自我价值感 = 能力 \neq 表现$$

能力与表现不再对等，于是人们习惯通过拖延来安慰自己，他们会觉得自己的能力远比表现得好，自己的潜力还没有爆发出来。

对于这一点我深有感触。我喜欢踢球，平时只跟小区队比赛，我和队友们都觉得自己的水平很高。后来我们出去打比赛，结果经常输球，但大家从不承认自己的能力差，而是每次都觉得太大意了，认为自己的实力要比对手强很多。久而久之，队友们就不愿意再去外面打比赛了。

有些人宁愿承受拖延所带来的痛苦，也不愿承受努力之后却没有如愿以偿所带来的羞辱，这就是心底对失败的恐惧。

而拖延正好可以缓解这种恐惧心理，正所谓不去做就不会失败，所以这些人就养成了习惯性拖延的毛病。

3.追求完美

约克大学心理学家 Gordon Flett 认为完美主义的破坏力极大，严重者会有自杀倾向。完美主义者往往对所要完成的事情抱有非常高的期望值，而高期望值则容易导致行动受挫，继而产生失望痛苦的情绪。

高期望值 → 行动受挫 → 失望痛苦

这个过程被不断强化之后，人们就会产生逃避心理。

乔治出身于法律世家，从小在优越的环境中长大，父母对他的期望非常高。乔治没有让他们失望，考入了法学院，最终成为一名律师。凭借努力，他来到了一家很有名望的律所工作。

开始一切进展顺利，但是不久乔治就出现了很严重的拖延行为。这到底是为什么呢？乔治说他的案子必须无懈可击，他要在法庭辩论时做到完美，然而太多的线索让他无法承受。

为此，乔治一筹莫展，但是每天仍然很"忙碌"，实际上他是在通过拖延进行自我安慰。

像乔治这样的完美主义者很常见，他们会在无形中给自己很大压力，一旦遇到困难认为无法做到十全十美，就会因为担心而停止行动。

治疗方法其实也很简单，残酷的竞争迟早会让人认清人无完人的现实，在一次次的痛苦之后，自己就会降低期望值了。

4.缺乏自信

美国加利福尼亚大学资深心理咨询师简·博克认为："从心理层面分析，部分人对工作能力不自信是导致拖延行为的一个重要原因。"

在工作中遭遇过重大挫败，不够自信的人，往往很容易产生逃避心理，认为自己做不好，从而导致拖延。

这类人会找到很多借口，而且非常在意他人的看法。他们不希望自己被视为能力低下者，所以给出的借口往往是时间不足、不够仔细等。

小胡学的是财务管理专业，毕业后当了一名出纳，但是他对这份工作没兴趣，于是没做半年就辞职了。他想转行，但是找工作却屡屡碰壁，因为没有任何工作经验，专业也不对口。越是找不到工作，小胡就越不自信，结果当接到面试通知的时候，他还犹豫怀疑，认为自己没有工作经验，肯定没有单位录用，根本不敢去尝试。后来，他竟然连门都不怎么出了，整天憋在家里睡觉。

越是没有自信，就越是不敢行动。唯有走出去才会看到希望，逐渐恢复信心，最终战胜拖延症。

心理学家教你如何防治拖延症

1.分解任务

心理学家通过调查发现，人们总是倾向于完成更容易、更接近的目标，比如短期目标，因为这样可以不断获得成就感。据此，他们认为分解任务的方式可以有效改善拖延行为，不断获得的微小成就感会促使人们去追逐更大的目标。

2.改变计时方式

心理学家研究发现，用"天"作为计时单位，比起用"月"作为计时单位，能更容易让人们开始执行任务。因为人们会觉得"天"比"月"更短，截止日期也离得更近。

你还有一个月的时间完成工作和你还有30天的时间完成工作，后者会让你觉得更加临近截止日期，所以也会让你更快地开始工作。因此心理学家建议，可以通过改变计时方式，用"日"

甚至是"小时"计算来减少拖延行为。

3.预期奖赏

心理学家 Pamela Wiegartz 建议,预期回报有助于帮你尽快行动起来。你可以想象项目谈成之后发奖金的情形,也可以想象拿着奖金出国旅行的情景,这些都有助于促使你展开行动。

4.学会自爱

研究证明,那些自律自爱、对自己评价较高的人,能更好地控制自己,也就可以有效减少拖延行为。

典型案例:一个拖延症患者的自白

Tom 是一位重度拖延症患者,30 岁仍然一事无成,自认为已病入膏肓、无药可救,以下是他的自白。

我叫王××,大家都叫我 Tom,我是一个慢性子,做事本就不紧不慢,后来又患上了拖延症,从此"高效"这个词就跟我无缘了。

我今年 30 岁,却一事无成,没房没车没女友。我很着急,也知道改变现状的方法就是更高效地工作,继而赚更多钱,实现所有愿望。于是我开始制订计划,各种完美计划、表格、待办事项清单都做得一目了然。可是一到执行的时候,就会莫名其妙地停下来,总是有各种原因不去执行,却找不到一个行动起来的理由。

每当任务摆在面前的时候，我总会出现分心的情况，去做一些刷微博微信、查邮件、看新闻等与工作不相关的事。

其实我的拖延症从小学就开始了，作业一般都是第二天一早才开始写，而且是抢过其他同学的作业一通抄。寒暑假每到快开学的时候都是我最忙的时间段，因为我要频繁走访学习好的同学，去拿他们的作业来抄。

我甚至连追女孩这件事都拖，从中学到大学再到工作，面对心仪的女孩，我会很早就开始准备台词，在心中想好了各种表白的桥段，却迟迟开不了口，直到心仪的女孩被别人抢走。为此，我一直悔恨，却依旧无法做出改变。

在我的记忆里，似乎只有吃这件事不拖延！

每到行动的时候，我似乎就变成了另外一个人，内心总有一个声音告诉我"别急，明天再说吧"。而我很愿意听从内心的这个声音，于是放下手头的工作，去做一些无聊的事。

我看过很多治疗拖延症的书，认为那些拖延症患者的毛病我都有，比如缺乏自信、害怕失败、追求完美、懒散成性……

我也很想改变，但是行动的欲望并不强烈。我觉得自己就是太懒了，特别贪图安逸。有一次，一份相对高薪的工作找到我，但是我觉得离家太远就拒绝了。

我是不是到了拖延症晚期，已经无药可救了？

一位心理咨询师是这样答复 Tom 的。

Tom，你的确存在很严重的拖延症，但是好在你能意识到自己存在的问题，因此要尽快改变，否则这辈子很可能陷入碌碌无为的境地。

从你的叙述来看，你的确很懒，这是治愈拖延症的大敌。你要清楚一点，懒惰的人不止你一个，大部分人都是追求安逸的。但是也要分情况，有一部分人属于主动偷懒，也就是说他们追求的是一种轻松的生活。这些人无欲无求，但是你不一样，你还想买车买房娶媳妇，所以你必须勤快起来。

同时你要自信起来，你是一个很善于制订计划的人，差的就是执行力。而你不去执行，很大一部分原因是害怕失败，所以你要勇敢尝试，每一次微小的进步都会让你增强信心，每一次成功都会让你更兴奋、更主动，从而开始寻求更大的成功。

拖延的根源并不是自控力差，不懂时间管理，这些都是次要问题，关键在于个性特点、心理动机、潜意识的需求愿望等。

心理学家荣格认为，每个人都有天生的个性特点，就像胎记一样终生不变。既然你从小就是一个慢性子，那么改变拖延症就会相对困难，因为你已经习惯了这样的状态。由于你已到了拖延症晚期，所以必须付出更多努力，而且要一步一步来，否则更大的挫败感会彻底击垮你。

没有人了解你的内心，除了你自己。而拖延症具有很多复杂的心理动机，每个人都不一样，你必须深入自己的内心，才能找到最根本的原因。

你要学会接受现在的自己，不喜欢至少也不厌恶。当然，如果你能做到悦纳自我，也就没必要改变了，毕竟安逸也是一种人生追求。如果不是，就要找到改善的动机。很明显，买房买车娶媳妇是你的动机。

动机有多强烈，行动力就有多强。我相信随着年龄的增长，你对媳妇的渴望会越来越强。这时候不幸的事件发生了，丈母娘站出来管你要车要房。我想，这一定可以刺激到你，如果你真的喜欢女友，想要跟她结婚，就会激发内心的强烈动机，从而开始行动。

我一直认为，拖延症能否改善，完全取决于个人的动机是否强烈。你想赚钱，总会找到办法，就算是沿街捡瓶子，你也会行动起来。所以不要灰心，任何拖延症都是可以治愈的，就看你自己是否愿意了。

【思维导图】：拖延症类型分析

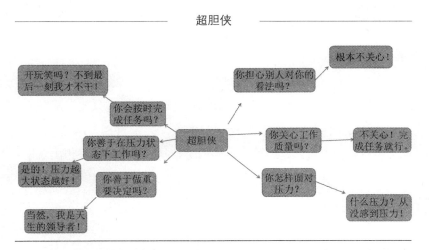

超胆侠只有在最后期限临近时才会想到工作，他们是故意拖延的，因为他们非常善于应对压力，而且在重压之下会激发出潜能。所以在他们看来，最后一刻的工作效率往往更高。实际上，虽然能在最后期限之前完工，但是因为太仓促容易导致错误频出。

试想，如果你将这种潜能用来处理更多的任务，那么你现在也许就会处在更高的位置了。

自我毁灭者

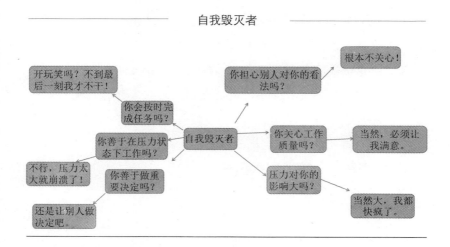

你之所以会拖延,是因为你习惯为自己的拖延找借口,不到最后一刻不工作,又无法承受巨大的工作压力,最终只能自我毁灭。

你不是超胆侠,所以没有能力做到"兵来将挡,水来土掩",那么最有效的方法就是为可能遇到的困难制订好计划,并想出对策。

完美主义者

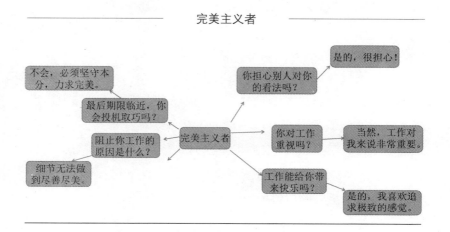

任何追求完美的人都会导致拖延行为的发生，因为现实工作中人们很难在有限的时间内把工作做到十全十美。你受制于他人对你的评价、看法，想要尽可能做到完美无瑕，结果往往事与愿违。

合理的、可实现的目标才是最现实的，因而适当降低目标，相信你会越来越好。

第2章 拖延症把你折磨得不轻吧

CHAPTER 2

【测一测】你的自信心够强吗?

前面讲过,缺乏自信的人做事的时候会习惯性地产生畏难情绪,认为什么都做不好,从而拖延不愿行动。所以,一个人的自信程度也决定了其行动力。

测一测你的自信心,就可以从侧面看出你的拖延程度。

1. 你的记忆力很强吗?

　　A. 是　B. 否

2. 你对自己的专业技能很自信吗?

　　A. 是　B. 否

3. 你觉得自己的工作能力比别人更强吗?

　　A. 是　B. 否

4. 你决定的事,就会坚持下去,而不会被轻易改变吗?

　　A. 是　B. 否

5. 你是否正在从事最擅长的工作？

　　A. 是　B. 否

6. 你善于与他人合作吗？

　　A. 是　B. 否

7. 你认为你的优点比缺点多吗？

　　A. 是　B. 否

8. 你希望学习更多技能变得更加优秀吗？

　　A. 是　B. 否

9. 你具有很强的个性吗？

　　A. 是　B. 否

10. 你是个优秀的领导者吗？

　　A. 是　B. 否

11. 你认为自己很有魅力吗？

　　A. 是　B. 否

12. 你觉得自己对异性颇具吸引力吗？

　　A. 是　B. 否

13. 你很少欣赏自己的照片吗？

　　A. 是　B. 否

14. 你觉得自己很时尚，很懂服装搭配吗？

　　A. 是　B. 否

15. 不考虑客观因素，你对自己的外表满意吗？

　　A. 是　B. 否

16. 你觉得自己是个受欢迎的人吗？

　　A. 是　B. 否

17. 你认为自己的语言很有感染力吗？

A. 是　B. 否

18. 你觉得自己是一个很幽默的人吗？

A. 是　B. 否

19. 你经常希望自己长得像别人吗？

A. 是　B. 否

20. 你每天总是照镜子吗？

A. 是　B. 否

21. 你很少与人争执，不敢表达自己的想法吗？

A. 是　B. 否

22. 你总是觉得自己比别人差吗？

A. 是　B. 否

23. 你总是担心无法很好地完成任务吗？

A. 是　B. 否

24. 与不熟悉的人聚餐时，你会不好意思去卫生间吗？

A. 是　B. 否

25. 如果购买成人用品，你会选择网购而不是去门店吗？

A. 是　B. 否

26. 遇到服务态度不好的店员，你会直接找经理交涉吗？

A. 是　B. 否

27. 被别人批评，你会感到难过吗？

A. 是　B. 否

28. 你是否会因为与众不同而不自在，比如其他人都西服革履，你却穿得很休闲时？

A. 是　B. 否

29. 紧急关头，你总是表现得很冷静吗？

A. 是　B. 否

30. 你认为自己很普通吗？

　　A. 是　B. 否

31. 你总是羡慕别人吗？

　　A. 是　B. 否

32. 你会为了别人，放弃自己喜欢的事吗？

　　A. 是　B. 否

33. 你会为了讨好别人而精心打扮吗？

　　A. 是　B. 否

34. 你会勉强自己做不愿意做的事吗？

　　A. 是　B. 否

35. 你会感觉自己的生活被他人所支配吗？

　　A. 是　B. 否

36. 你经常把"sorry"挂在嘴边吗？即使不是你的错。

　　A. 是　B. 否

37. 无意间伤害了别人，你总会感到自责吗？

　　A. 是　B. 否

38. 你总是需要别人帮你做出判断吗？

　　A. 是　B. 否

39. 社交场合，你很少主动与他人打招呼吗？

　　A. 是　B. 否

40. 购物前，你习惯听取他人的意见吗？

　　A. 是　B. 否

计分标准：

以下题目选"是"不得分，选"否"得 1 分：

13、19、21、22、23、24、25、27、28、30、31、32、33、34、35、36、37、38、39、40

以下题目选"是"得 1 分，选"否"不得分：

1、2、3、4、5、6、7、8、9、10、11、12、14、15、16、17、18、20、26、29

测试结果：

25～40 分：你是一个很自信的人，具备不错的行动力，很少出现拖延的情况。

12～24 分：你的自信力属于中等水平，即和普通人一样。在个别事件中，你会因为不自信而导致拖延；而在其他一些事情上，你又会表现得很不错。

11 分以下：你是一个严重缺乏自信心的人，甚至经常感到自卑。因为担心失败，你总是不敢开始，从而导致了严重的拖延症。你必须做出改变了！

社会现象：拖延带来愉悦感

我发现了一个奇怪的现象，有些人在抱怨拖延的同时，也在享受拖延带来的愉悦感。他们从拖延中尝到了甜头，这样的现象很常见，我也曾经历过。

刚毕业那会儿,我经常被上级分配干一些琐碎的杂事,如打印复印、跑腿等工作,我从心里抵触,认为大材小用,所以经常会不自觉地拖延。有一次,同事让我帮忙复印一份合同,说比较着急。这本不是我的工作,明显是让我跑腿,但由于是新人,又不好拒绝。我接过合同之后,一直在忙碌(实际上什么也没干),过了两分钟,同事就自己把合同复印了。

类似这样的情况经常出现,我觉得有时候拖延是一种不错的方法,于是学会了耍小聪明,逐渐养成了不好的习惯。很多属于我的任务被别人完成了,最开始心里很得意,但是后来发现很多新人都是抢着做事,这样才能学到东西,从而更快速地成长。

我在那家公司待了不到半年,由于迟迟得不到重用,便选择了跳槽。但我很快就意识到,这种拖延带来的满足感实际上是在腐蚀我,让我越来越懒。

不仅在工作中,在生活中我们也经常会体验到拖延带来的愉悦感。你看上一件衣服,因为价格比较贵,迟迟没有下定决心购买。于是一直拖着,直到几个月之后到了折扣季,你以一半的价格购买了心仪的衣服,你很高兴。

表面上看来,你确实节省了一半的费用,但是有没有想过,为了盯着这件衣服是否打折,你隔三岔五就要去商场转一圈,浪费的时间成本该怎样算?

当没有因拖延行为受到惩罚,大部分人会体验到愉悦感、满足感。他们看到了表面现象,而没有意识到深层次的危害,也就逐渐养成了拖延的习惯。

及时行乐是人类的本能,美国南康涅狄格州立大学的心理系教授詹姆斯·马则认为,当需要在两个任务之间作选择时,人们往往更愿意选择不太紧急的那一个，即便这项任务更繁重，因为他们似乎更愿意享受拖延带来的愉悦感。

美国心理学家尼尔·菲奥里通过与众多拖延症患者合作，发现了一个共同点："拖延可以带给人们暂时的释放压力的快感。"

当面对一项复杂任务或是耗时较长的任务时，人们就会产生挫败感，由于无法在短期内得到回报与满足，从而会导致拖延现象。比如我在写作的时候，遇到某个不了解的领域无法下笔，就会产生烦躁情绪，于是下意识地查阅邮件、刷刷朋友圈，在心里告诉自己放松一下，一会就有思路了。实际上，我是在通过拖延实现短期满足。

拖延会带来愉悦感与满足感，然而一旦开始享受这种感觉，很快就会染上拖延症。这时你必须认识到，短时间的满足会带来长期的危害。最好的方法就是看看身边那些有拖延症的朋友，他们的"下场"是怎样的。如果你可以接受平庸的状态，或者说很享受这种状态，那完全不用担心，也可以合上这本书了。如果你不想变成他们的样子，想要做出改变，那就接着往下看。

心理诱因：压力与最佳动机水平

心理学家研究证实，毫无压力或压力太大都将导致拖延行为。所谓人无压力轻飘飘，在没有任何压力的情况下，人们很容易出现拖延行为。这一点比较容易理解，就像工作时，如果没有上级盯着，很多人就会磨洋工。

而压力过大同样会导致拖延，一旦内心承受不住，就会开始焦虑，很多时候无法按时完成任务，甚至导致崩溃，彻底放弃。即便是勉强完成任务，也会身心俱疲，需要很长时间恢复。

美国心理学家耶克斯（Yerks）和多德森（Dodson）认为，中等程度的动机水平最有利于工作效率的提高；同时他们还发现，最佳的动机水平与任务难度密切相关：任务较容易，最佳动机水平较高；任务难度中等，最佳动机水平也适中；任务越困难，最佳动机水平越低。

也就是说，要想实现高效工作，就要找到压力与工作的最佳结合点。每个人的心理承受能力不同，只有通过反复实践才能发现适合自己的临界点。

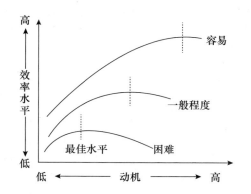

压力太大时，有些人会通过抽烟来缓解，有些人则喜欢吃零食、打游戏，可以说各种方式都有，大家都在努力缓解负面情绪。

当一项任务超出人们的能力范围，让其无法承受时，他们会暂时放弃，做其他事转移压力。这是在有意逃避，通过拖延的方式达到放松的目的。

很多人都不善于处理压力，也不清楚压力与工作的最佳结合点。要么因为压力过大彻底崩溃，要么因为没有压力不慌不忙。

小红想去美国读研究生，她的英语刚刚过了四级，打算在几个月的时间里通过托福考试，于是开始拼命备考。然而困难程度超出了她的想象，她开始出现焦虑、紧张的情绪，成绩也离目标差距很大，她觉得自己肯定考不过，索性就放弃了。

尽管出国留学的动机强烈，但是在短短数月内要考过托福对她来说非常困难，过大的压力最终导致了拖延。

这就是因为压力太大造成了自我束缚，如果小红早做准备，根据自己的能力进行调整，也许就会轻松很多。因此她需要找到最佳结合点，才能实现效率最大化。

程思浩跟小红的情况刚好相反，他比较懒，但是很有才华。他在新浪工作，月薪只有四五千，而同样职位的同事很努力，都拿着过万的薪水。他并不缺少能力，只是因为没有压力，工作从来不着急，很多能够成单的机会，他都不去争取。

因为没有压力，程思浩总是习惯性地拖延时间，一项很简单的任务可以做上半小时；而且他很容易分心，刷微博、刷朋友圈，似乎总有事情吸引他。这就是由于任务太容易，没有压力导致的拖延行为。

一个人要想实现高效，就要找到工作与压力的最佳结合点，以最佳动机水平面对不同的任务，这样才能彻底告别拖延行为。

典型案例：明天再说吧

"明天再说吧"是很多拖延症患者的口头禅，在他们看来什么事都可以放到明天。实际上,他们也痛恨拖延症,可就是改不了,甚至自己喜欢做的事也会拖延。

小伟就是这样一个人,自认为是晚期的重度拖延症患者,而且无药可救了。

小伟还是很有自知之明的,知道自己习惯拖延,所以会制作日程表、待办事项清单,可就是没有一次按时完成的。哪怕待办清单只有一件事,他也拖拖拉拉难以完成。

而且,当他打开电脑发邮件时,进入网页邮箱后,就会情不自禁地打开各种网页,看看新闻或玩会游戏,似乎除了发邮件这件事,其他都能吸引他。结果,一封邮件发了半小时,有时候忙乎了半天,除了正事没做,其他都做了。

小伟很无奈,经常跟身边的人诉说自己的苦衷,结果找到了很多同病相怜的朋友。"明天再说吧",几乎成了他们的口头禅。

并不是每件事都会拖到明天,但是绝对不会立刻完成。以约会这件事来说,小伟从来没有一次准点到过,这也让他的朋友们非常无奈,尤其是他的女朋友。

迟到是女人的特权,没想到当这种特权遇到拖延症患者,女方也只能深感无奈了。丽丽是他的女朋友,不知道已经是第几任了,也是一位拖延症患者,只不过没有小伟那么严重。

前几任女友,至少有两个是因为受不了小伟的拖延而分手的。小伟跟丽丽约会,比如定在下午两点见面,丽丽至少会迟到半小时,结果到了约定地点,发现小伟还没到,打电话才知他刚出门。问他干吗了,他也回答不出来。实际上,小伟可能从一点就开始准备了,结果直到两点半还没出门。

后来,丽丽也有经验了,每次都会比约定时间晚一个小时才出门。尽管这样,她还是提前到的。

小伟不傻,知道别人不会这样迁就他,也知道拖延症的危害,可就是改不了。领导交给他的工作任务,无论是否困难,他当天总是做不完,所以每天快下班的时候,他都是最忙碌的,好像只有这个时候才能想起工作。

为了治疗拖延症,小伟买了很多时间管理方面的书,还特意买了一本手账,用来规划每一天的日程安排。可是一周之后,小伟发现根本无法坚持下去,因为未完成的任务越来越多。例如周一记录了5件事,他只完成了2件,周二也记录了5件事,需要做的总共就是8件。依此类推,到了周五,待办事项就会累积到即便周末加班也无法完成的状况。

"虱子多了不痒,债多了不愁",看着这么多任务,小伟还是很轻松地告诉自己"还有明天"。之后,小伟彻底失去了信心,扔掉了书籍,不再记手账。在他看来,规划对他这种重度拖延症患者毫无作用,索性破罐子破摔。

可能是为了安慰自己,他还加入了很多群,找到了很多病友,相互攀比谁的拖延症更严重,还真是一个乐天派。

"明天再说吧"是拖延症患者的典型心理,这些人对自己的要求很低,缺乏信心,无法承受过大压力。他们也曾试图改变,但是在遭受过一两次挫败之后,就开始接受现状,不再寻求改变。

在这个案例中,除了心理因素之外,环境也是导致小伟拖延的原因。为了自我安慰,他找到了很多志同道合的拖延症患者,并选择与那些接受现状而不是积极改变的人交往。

试想,如果每天的朋友圈都是这样的。

甲:文件太多了,明天再看吧。

乙：约会又迟到了，不好意思哦。

丙：压力太大了，实在完不成任务。

丁：主管去死吧，我每天就能做这么多！

在这样的环境下，小伟就会认为所有人都跟他一样，也就消除了自责与内疚，不再试图改变，而是接受现状。

要想改变，就得换一个环境，拉黑拖延症病友，换成积极改变者。这样每天刷朋友圈时，就会看到以下场景。

A：因为自知有拖延症，我提前两个月就开始复习了。

B：为了备考我已经提前巩固了基础知识，今天晚上再看一遍，明天一定通过考试。

C：必须完成每日计划，如果日程表有一项没做完，我就不睡觉。

D：为了聚会不迟到，我提前一小时出门！

要想改变拖延症，就要先改变心理状态。一般来说，拖延症患者的心理状态如下。

A：刚上班还没进入工作状态，喝杯咖啡再说。

B：快下班了，反正也完不成了，明天再说吧。

C：这项任务也不着急，过两天再弄也不迟。

借口！拖延症患者总会给自己找很多借口。"明天再说吧"不是不可以，但却决定了你的未来。

如果你接受自己拖延的状态，认为不需要改变，那么完全可以什么事都等明天，只要你的老板还愿意付给你工钱。

如果你感到了危机，想要改变，就结合本书将要介绍的各种时间管理方法及 APP，开始治疗吧！

【五大危害】：拖延症如何毁掉你的人生

拖延症虽然不是病，但是危害一点也不小，它能够在无声无息的状态下毁掉你的人生。下面列举拖延症的五大罪状，让你看明白拖延症是如何让一个高效能人士变得平庸，又如何让一个平庸之辈变得低效能的。

危害一：怀疑自己

拖延症会蚕食一个人的自信心，第一次拖延5分钟，第二次拖延10分钟……渐渐地，不能按时完成任务，然后陷入不断被批评、不断被贬低，从而不得不接受自己能力低下的困境。

当所有人都说你不行时，你就会开始相信大家、开始怀疑自己，并变得越来越不自信，导致工作状态越来越差、效率越来越低，逐渐沦为平庸之辈。

李明高考成绩不错，考入了一所重点大学。然而进入大学之后，身边的同学都是各校的尖子生，他的优势与自信荡然无存。他开始怀疑自己的能力，导致成绩从中上游一直下滑到最后几名。渐渐地，他对课程失去了兴趣，拖延功课，上课走神，并开始翘课。

其实，李明还是很有上进心的，希望大学毕业之后找一份好工作，努力做出一番成绩。然而因为逐渐失去信心，他连应付学习的动力都没有了，甚至作业连抄都不愿抄。

李明不想放任自流，希望做出改变，于是有针对性地进行了自我分析。

1.拖延症逐渐加重

李明承认自己从小学开始就有拖延症，但是并不严重；虽然经常欠交作业，但是成绩并不差，甚至一度名列前茅。他认为自己很有能力，可以在最后时刻突击完成作业。

2.注意力不集中

上大学之后，注意力不集中的情况开始恶化，使他对学习变得不感兴趣，也不愿意听课。

3.兴趣决定拖延程度

感兴趣的事，李明1分钟都不会拖延；不感兴趣的事，他总是迟迟不愿行动。

从李明的自我分析可以看出，他的拖延症并不严重。他的问题出在专业选择方面，由于对所学内容不感兴趣，导致注意力不集中，拖延现象加重，成绩迅速滑落。于是他开始怀疑自己，认为自己凡事都做不好，便逐渐形成了恶性循环。

【解决方法】

换专业可能比较困难，那就去寻找自己喜欢的事，通过擅长的工作找回信心，从而逐渐改掉拖延的毛病。

危害二：精神萎靡

精神萎靡不振，根源就在于一个"懒"字。仔细观察，就会发现身边有很多懒惰的人，这些人消极懈怠、得过且过。

懒惰的人好逸恶劳，缺少动力，没有远大的抱负，所以在工作中积极不起来。

很多人都有惰性，那些拼命工作的人，有些是工作狂，有些是被逼的。仔细观察后发现了其中的秘密，前文提到的程思浩，工作消极，胸无大志，每天工作的精神头都不高，一副萎靡不振的样子。细问后得知，他家境殷实，努力赚钱对他没有任何吸引力。

程思浩身边的同事大部分都是北漂，很多刚毕业的年轻人拿着四五千的月薪，但是要比他拼命得多，因为这些人每个月的房租就要上千元，而是挤在十几平方米的小屋子内。他们有明确的目标，想要多赚钱以努力改变现状，所以精神状态更好，也更拼。

人无压力轻飘飘，当逐渐接受了舒适的现状之后，就会越来越懒，精神状态也会逐渐变差，这就是精神萎靡的原因。

【解决方法】

拖延症会让人越来越懒，精神越来越萎靡，改变的方法就是给自己设定目标，只要有了预期回报就会行动起来。一个忙碌的人精神状态不会差到哪去，反而安逸的人容易出现精神萎靡的状况。

危害三：无法实现想法

你的想法、目标、梦想、计划……一切都会因为拖延而无法实现。很多人在拖延症恶化之前，都是拥有志向、目标的人，然而拖延症给他们带来了毁灭性的打击。计划好的事情无法完成，曾经的想法无法实现，一次次的失落带来精神方面的摧残，继而引发其他"并发症"：失去信心，消极懈怠，情绪低落。

小美喜欢画画，很小的时候就有一个梦想，希望出一本个人画册。遗憾的是由于拖延症，小美的梦想迟迟没有实现。

后来机会来了，一位出版社的编辑找到她，希望她能画一本水彩方面的作品。机会从天而降，小美激动不已，但是她根本没有意识到，自己已经患上了严重的拖延症。她给自己定的计划是每天完成一页，三个月内画完一本书。

然而，每天工作之后回到家已经很晚了，小美身心俱疲，实在不愿意动笔，总是告诉自己"明天多画一页就可以了"。结果三个月之后，她只完成了一半。

编辑一直催，小美一直拖，最终编辑以过了最佳出版时机为由解除了合约。小美的梦想泡汤了，她伤心极了。这是她从小到大的梦想，即便无法出版，她依然决定完成这本书的绘画。然而直到今天，她也没能画完，问她原因，她会说"反正也没法出版了，慢慢画呗"。

现实生活中，小美这样的人太多了，他们深受拖延症所害，曾经的梦想、不错的计划都因为拖延而无法实现。

梦想、计划、目标无法实现，也就基本决定了平庸的状态。如果你不想一直碌碌无为，千万别被拖延症毁了。

【解决方法】

让梦想照进现实！当我们成功实现一项任务后，就会体验到成就感，而这种成就感可以有效对抗拖延症。因为你会期待下一次成功，待逐渐进入良性循环之后，就会治愈拖延症。

危害四：变得自我

如果你不是重度拖延症患者，一般来说不会对所有事都拖延，因为大部分人对自己喜欢的事从不拖延。举个简单的例子，如果你特别喜欢一个女孩，处于看到她就发狂的状态，而你又不是窝囊废，那么肯定会付诸行动。

这个举例也许不恰当，但道理都是一样的。比如你喜欢踢足球，有时间的话一定会去踢上两场；你喜欢玩电子游戏，估计工作再忙晚上也想玩一玩。

然而面对不喜欢的事，你的态度就不同了，你会开始拖延，并不时地找借口。而结果就是你会越来越自我，并缺少责任感，进而让人讨厌。

王珂就是如此。他是一家小公司的网管，既负责硬件也负责软件。不过他更喜欢处理软件方面的问题，对于电脑组装早就没了兴趣。很多同事请他装电脑，他会习惯性地拖延；而软件方面的问题，他则表现出积极的态度。

在王珂看来，软件方面的问题对他的提升有帮助，可他忘了自己的职责，结果招致很多同事的不满。

对于不喜欢的事情容易拖延，渐渐地会养成以自我为中心的习惯，不知不觉中变得令人讨厌，最终影响了人际关系。

【解决方法】

自私的人会让人厌恶，因而需要提升责任感，当你对一件事必须负起责任时，就不会继续拖延。

危害五：情绪失常

由于拖延导致工作效率低下，于是开始出现焦虑、恐慌情绪，自我否定、贬低，甚至出现厌世情绪。

以学生为例，国外有研究发现高达95%的大学生都会有意推迟学业任务，70%的大学生有经常性拖延学业的行为。

心理学家认为，拖延行为是人们对抗焦虑的一种方法。当一个人要做出决定或开始一项任务时，就会出现焦虑、恐惧等情绪，情绪失常反过来就影响了效率。

阿梅是一位大三学生，有考试焦虑症，一旦临近考试，就会出现情绪失常。她希望通过突击复习完成考试，但是每次想到即将到来的考试以及有可能无法通过就会产生焦虑，结果每次都是拿着书看不进去，担心这担心那，最终90%的考试都因为拖延而考砸了。之后，她的情绪更加糟糕。如此恶性循环，导致她破罐子破摔，甚至想要退学。

【解决方法】

遇到难题产生焦虑是正常反应，但要正视问题，积极寻找解决方法，而不是通过一味拖延来逃避。每一次成功解决问题都会缓解情绪焦虑，所以增加积极的成功体验也会有效减少拖延行为。

第3章 完美主义者的挽歌

CHAPTER 3

【测一测】你是完美主义者吗？

完美主意者会因为对细节的苛责而迟迟不行动，结果导致错失最佳时机，造成拖延。要想改掉拖延症，就要先确定自己有没有完美主义倾向。完成下面问题，自我检测一下。

1. 假设你是一位房产经纪人，跟了一位客户几个月时间，最终客户却选择了其他房产中介，你会连续几周感到沮丧吗？

    A. 是　B. 否

2. 你不会做饭，每天晚上都去楼下的小饭馆吃饭，且每一次都坐在靠窗户的位置。如果你的座位刚巧被别人占据，你吃饭的时候会感到不舒服吗？

    A. 是　B. 否

3. 无论是做策划、签合同、写文案，你都喜欢用心爱的钢笔，有时候找不到它，你会暂时放下手头的工作，直到找到为止吗？

    A. 是　B. 否

4. 你是一个很看重人情世故的人，因此每到节假日就会感到焦头烂额，因为不知道送什么礼物合适，所以一般都会提前几周做准备，直到为每个人选择到合适的礼物为止。

  A. 是 B. 否

5. 做事之后经常后悔，反复想如果换成另一种方式，是否会更加理想。

  A. 是 B. 否

6. 你是否经常对自己或他人感到不满，认为还可以做得更好？

  A. 是 B. 否

7. 出门之前，你总是会试穿几套衣服，因为总是感到不满意。

  A. 是 B. 否

8. 你制订计划时不想遗漏每个细节，任何一个环节没做好都不会行动。

  A. 是 B. 否

9. 喜欢苛求别人，总要求别人与自己保持一致。

  A. 是 B. 否

10. 必须严格按照计划表执行，只要有一件事情没完成，你就不睡觉，直到做完为止，哪怕最后一件事已经无关轻重。

  A. 是 B. 否

计分标准：

  选择"是"得1分，选择"否"不得分。

测试结果：

  6分以上：你是一个完美主义者，经常因为追求完美而导致拖延。要想改变拖延症，就要适当接受你的不完美，降低要求，这样才能提高效率。

6分以下：每个人都有完美主义倾向，你的症状并不严重，处于可控范围之内。对某些事你会苛求自己，而某些事则无所谓。当然，如果你的得分过低，说明你对任何事都是一种无所谓的态度，那么也很可能说明你缺少必要的责任心。

社会现象：追求完美导致拖延

丘吉尔曾说过："完美主义让人瘫痪。"科学家研究认为，苛求完美是人们寻求幸福路上最大的障碍！

仔细观察身边的完美主义者，大都有拖延症的毛病。这些人一方面努力要求自己达到更高水平，另一方面又因为严苛标准无法实现而导致拖延。

追求成功是人类的天性，人们通过自我激励不断实现更高的目标，这也是社会进步的动力。心理学家将完美主义分为积极完美主义与消极完美主义。对于前者来说，高期望确实可以带来较大的成就；对于后者来说则恰恰相反，他们盲目追求完美，对自己要求过于严苛，恐惧失败且只关注结果，以至于习惯性地设定不切实际的目标。

结果，当他们发现目标过高难以完成之后，就会感到失落，情绪受到影响，于是开始逃避，认为不行动就不会失败，最终养成拖延的习惯。

王瑞是一家奢侈品公司的主管，可谓典型的完美主义者，从小学习成绩很好，家人对她的要求也非常高。长大之后，王瑞给自己制定了非常高的标准,以及远远超过自身能力的目标。

她希望成为真正的有钱人,进入富人的圈子,然而并不是通过嫁入豪门这种方式,而是通过自身努力成为有钱人,不仅是账户存款,在品位、修养、谈吐、人脉等方面也要像富人一样。

因此,王瑞有一个完美的计划,并在一步步实现这个计划。可是每走一步,她都会发现离目标不是更近了,而是更远了。

在王瑞的完美世界里,她每天工作12小时;而真实世界中,每天工作10小时她就有点撑不住了。

在完美世界里,她开豪车,住别墅,在富人圈混得如鱼得水;而真实世界里,她开着20万的SUV,合租在豪宅中,虽然与富人比邻而居,但却不是她想象的样子,每天面对的都是那些琐事与干活不给力的下属。

实际上,在很多人眼中,王瑞的生活已经足够好了,月薪两万,工作又很风光,她应该知足才对。然而,王瑞的完美主义一次次让她陷入痛苦的挣扎中。

她对当前的生活非常不满意,可是她的能力又无法支撑自己的梦想;她的确很努力,但是依然无法实现目标。当她坐到公司主管的位置之后,再往上就有些力不从心了,很多事情都没有经历过,很多问题都没有能力解决,于是失望情绪开始积累,彻底爆发的时候她选择了放弃,因为看不到希望,索性就拖延逃避。

积极完美主义会让人变得更好,消极完美主义则会让人变得更糟。当你意识到完美主义没有起到积极作用,而是导致拖延症的时候,就要及时调整。

你要正视自己,重新审视自己的目标。你要告诉自己已经做得足够好了,以在能力与目标之间实现平衡。接受现状,努力追求个人最优表现，而非完美之境。这样，你的心态就会改变，当你面临的困难不再是"无法解决"级别时，就会重拾信心，继而行动起来，改掉拖延症。

完美主义者的10个典型迹象

1.总是努力让所有人感到满意

完美主义倾向往往始于童年时期，严格的家庭教育让他们从小就以严苛标准要求自己。他们被灌输了必须成功的信念，肩负了全家人的期待。长大之后，他们是别人眼中优秀的代表，因而不能让每一个人失望。

他们总是试图让每一个人都感到满意，所以在光环之下，拖着的是一副疲惫与痛苦的身躯。

2.万事俱备才会开始行动

完美主义者总是要等到万事俱备才会开始行动。对他们来说，立刻行动很难接受，必须等到心中的最佳时机来临才行。

3.或多或少的拖延症

有意思的是，完美主义者一方面具备强烈的成功欲望，另一方面会或多或少存在拖延倾向。可以说，两者是相辅相成的。

4.制订计划总是滴水不漏

在制订计划的时候，总是滴水不漏，考虑到每一个细节，无论这件事是否重要，也不管要花多长时间。

5.成王败寇

很多完美主义者都是一根筋,要么成功,要么失败,没有中间地带。研究表明,完美主义者总在规避风险,这样会抑制创新性和创造力。当察觉到有可能失败的风险时,完美主义者则会下意识地选择逃避。

6.对小错误耿耿于怀

完美主义者对微小的失误都无法释怀,他们经常后悔,导致情绪低落,从而止步不前。

7.重要事项往后推

越是紧急的事情,越会往后推。因为完美主义者认为,重要的事情必须做好充分准备,并等到最佳时机来临才能行动。

8.目标从未真正"实现"

对于完美主义者来说,他们的目标从来没有真正实现过。因为当某个目标完成之后,就会有新的目标出现。例如某个普通人今年的目标是赚20万元,实现之后会非常满意,大肆庆祝;而一个完美主义者实现了年赚20万元的目标之后,并不会认为目标完成了,而是会设定新的目标,第二年赚40万元。他们正是在这种循环中不断提升自己,超越自己。当然一旦遇到困难,也会因此导致拖延。

9.伴随轻微强迫症

完美主义者总会与强迫症相伴,比如在正式开始工作之前,必须把文件整理好,把邮件处理完,再把桌子收拾干净……

10.饱受内疚与羞愧的折磨

来自外部的压力会让完美主义者饱受内疚与羞愧的折磨,一旦没能实现目标,这种感受就会非常强烈。

心理诱因:"完美主义让人瘫痪"

无论拖延症也好,完美主义倾向也罢,病根都在心,其他治疗方法都只是起辅助作用。只有解决了心理问题,然后辅以各种时间管理、效能提升技巧,才能完全治愈疾病。

1.完美主义导致心理抑郁

大量研究表明,完美主义与抑郁症密不可分。消极完美主义者会产生抑郁情绪,一旦目标无法完成,就会产生抑郁心理,从而导致行动拖延。

完美主义者大都有低自尊特征,那些在普通人看来微不足道的消极反馈,对这些人的影响却很大。当他们无法很好地处理压力时,就容易产生不良认知,从而导致心理问题。

自尊心较强的人很在意别人的看法,并习惯性地看轻自己。小强是一个内向、自卑的孩子,心理脆弱,强自尊让他不愿与人接触,认为这样就能少受伤害。

小强很努力,在很多方面也有天赋,但就是缺少信心,总认为自己什么事都做不好；而且因为家里穷，总觉得低人一等。渐渐地，形成了消极的心理，平时也总喜欢与一些消极的人在一起，因为这样让他"感觉很好"。

小强不敢谈恋爱，喜欢打篮球却不敢加入团队，性格逐渐变得孤僻。时间一久，就养成了抑郁的性格。

他希望做出改变，但是设定的目标太高无法实现，所以只能通过拖延来逃避。

抑郁心理不仅会导致拖延行为，还会影响身心健康，而解决的办法就是提升自我接纳程度。当你从内心接受自己，就会逐渐缓解不良情绪。你无法成为最优秀的人，但已经做得足够好了，你可以看看那些不如你的人，就会发现你比很多人都强。

接受不完美的自己，心情就会好起来，通过向下对比的方式提升自信，自卑程度也会减轻，最终就能够悦纳自我，也会减轻抑郁心理。

当你不再追求完美，那么行动力就会提升，拖延症也开始减轻。

2.完美主义与偏执心理

在创业圈很流行一句话，"成功者都是偏执狂"。事实可能的确如此，但是代价却是巨大的，最终浮出水面的成功者只是少数，大部分人都被"淹死"了。

史蒂夫·乔布斯就是典型的偏执狂，他成功了，率领苹果公司创造出不可一世的成绩，也许很多年之内都不会有人超越他。

然而，看到他的光鲜表面，你是否想过他所承受的，或者说你真的希望成为他那样的人吗？

偏执、固执、霸道、吸大麻、辍学、欺骗朋友、抛弃女友和孩子……他是成功了，但背后却伤害了太多人。这类人都是极度自私的，不认识他们的人视其为天使，认识他们的人视其为魔鬼。

他说：活着，就是为了改变世界。在这种极端偏执的观念下，任何阻挡他成功的人都会被残忍地抛弃。

据说，乔布斯的房子里竟然没有一张床，因为都不符合他的标准，所以这位亿万富翁宁愿席地而眠。乔布斯的好友，甲骨文公司创始人拉里·埃里森就证实了此事："我以前就住在乔布斯的隔壁。有一次我去他家时，看到他的家里竟然没有一件家具，这太令人吃惊了。因为乔布斯找不到令他满意的家具，如果达不到他的要求，那么他宁愿家里空空如也。"

完美主义者容易进入偏执、苛责的状态，严重者会发展为病态，很多心理问题实际上是导致完美主义的根源所在。

有一个女孩很爱美，脸蛋真的很漂亮，但是骨架较大，影响了整体身材，于是她开始减肥。不巧的是，她又是一个偏执狂，事事追求完美。我们知道，骨架是怎么减肥也不会改变的。很显然，她的目标无法实现，于是她开始折磨自己，要么不吃饭，要么吃完饭全都吐出去。最后，她患上了厌食症。

很多模特为了减肥也患上了厌食症，结果瘦得如骷髅一般，这些都是因为偏执心理导致的完美主义者。

自卑、强迫症、低自尊、偏执心理、抑郁心理等，这些心理诱因都会导致完美主义心理，从而出现拖延行为。治愈拖延症，要先改变完美主义倾向，而有效方法就是解决心理问题。当内心找到和解的方式之后，相应的症状就会减轻。

典型案例：完美主义者的悲剧人生

如果我的目的是证明自己"已经足够好了"，那这项工程我永远都完成不了——因为在我承认这个问题是有争论余地的那天，我就已经输了。——纳撒尼尔·布兰登

哈佛大学泰勒博士在书中曾写过一个故事，讲的是牛津大学著名学者阿拉斯戴尔·克莱尔。他取得的成就在常人看来根本无法企及，他的高度令人敬仰。然而，这样一位拥有完美人生的学者，竟然在48岁那年选择了自杀。原因就是，在克莱尔看来，自己是一位彻头彻尾的失败者。

克莱尔在牛津大学读书的时候就是明星人物，取得过无数成就，赢得过很多奖项。他出版了自己的小说集、诗集，甚至发行了唱片，自编自导自推广发行了一部12集的音乐剧《龙的心》，讲述的是关于中国的故事。

令人惊异的是，克莱尔的处女作竟然获得了艾美奖。要知道，这可是美国电视界很高的奖项，地位等同于电影界的奥斯卡奖、音乐界的格莱美奖。

我们现在看到的无数经典美剧都无缘该奖项，而克莱尔的第一部作品竟然就获奖了，这足以证明他超人的才华。

在艾美奖颁奖典礼的当天，克莱尔并没有到现场领奖，因为那时他已经离开了人世，还是以一种极端的方式，在影片拍摄完成后不久就选择了卧轨，享年48岁。

人们在扼腕叹息的同时，不禁在想：如果克莱尔能够多活几天，等到颁奖典礼，当他得知获奖的消息后，结局肯定会不一样。

对此，他的妻子给出了答案："艾美奖是一个成功的标志，这对他意义重大，因为可以带给他更多的自尊。"但是她又补充说："他也曾经赢得过许多比艾美奖还要大的奖项，但没有一个可以使他满意的。"

至此，我们已经可以判断出克莱尔是一位极端的完美主义者。他非常了不起，甚至可以说在某些领域已经爬到了金字塔顶端，但终其一生却认为自己做得不够好。

他一直在否定自己的成果，用几乎无法达到的标准要求自己。即便如此，有些目标最终还是被完成了，可是他很快就会否定目标的价值，重新追逐更高的目标。

完美主义者的一个特点就是不断否定自己，尽管他们已经到达了很多人无法企及的高度，拥有了很多人一辈子都得不到的东西，却从不满足、从不幸福。

当完美主义者认为目标无法完成时，就会出现懈怠的行为，这是一种典型的逃避行为。然而像克莱尔这种情况属于极端案例，他的逃避方式不是拖延，而是彻底结束痛苦的人生。

幸好现实中这样的人不多，大部分人只是饱受拖延症的危害，也只是因为追求完美的性格而效率低下。如果你想知道自己是不是完美主义者，最简单的例子就是网购。当你想在淘宝买一件商品时，你会用多长时间？

小美打算去海边过周末，提前一星期就开始准备，周三的时候她想起来要买一件漂亮的泳衣，于是开始在淘宝逛。

本来是很简单的一件事，随便挑一个中意的款式，然后点击付款，几分钟就可以搞定。但是网购对于完美主义者来说，简直就是一场灾难。

从周三开始一直到周五凌晨，小美竟然没有找到一件满意的泳衣。挑款式、颜色，再看价格，在淘宝上输入"泳衣"两个字，一共出来100页搜索结果。

那几天小美没有心思工作，上班也看，下班也选，最终竟然没能找到满意的泳衣，直到登上火车还在看。最后，她只能在海边随便买一件，沙滩旁边只有两家卖泳衣的，款式最多也就三四十种，竟然也花了她两个小时！

完美主义会导致严重的拖延行为，降低工作效率，如果不积极改变，就会面临非常大的压力。毕竟时间非常宝贵，而你的工作效率决定了你所能达到的高度。

【解决方法】先完成，再完美

先把事情做完，再去追求精益求精。如果任务没有完成，过程再好也没有用，至少你的老板是这样认为的。

"请给我结果！"

这是每一个老板的终极要求！

老板花钱雇你来干活，是让你创造利润的，不是让你享受过程的。所以,请收敛你的完美主义倾向,别以为会得到老板的赏识，因为一切只以结果为导向。

拖延症患者最常犯的错误与借口

想得太多,做得太少

想法是最难的,也是最简单的,完美主义者总会有很多借口,他们一直在想,却很少去做。

想法 ≠ 事实

你想怎么样 ≠ 你能怎么样

第一次做,没经验

谁都会有第一次,没人期待你第一次就能做好,但并不能因为是第一次就不开始尝试。

没有资源

资源不是别人给你的,而是靠自己积累的。不行动,永远无法积累资源。

没有资金

除了富二代,谁不是白手起家?没有钱可以赚,没有资金就要及早开始积累。

这事已经有人做过了

有人做过不代表不能做,也不代表不会做得更好,第一个吃螃蟹的人很重要,成为市场终结者更重要。

别人都说不行

因为别人的一句话就不行动吗？别人怎么说不重要，关键是你要怎么做。你永远不会因为别人的一句话做得更好，或更差。

大部分人拖延都是因为懒惰，只有本能的需求才会让他们积极起来。晚上躺在床上，突然肚子很饿想吃东西，可是懒得起来煮面，于是选择赶紧睡觉，睡着了就不知道饿了。这说明你还没有饿透，饿急了连树皮都会吃。

所以，从需求层面入手，先试图解决最渴望完成的事情。例如，你已经三十几岁了还没有对象，肯定很想找个女朋友。我猜，你一定会通过各种方法开始寻找。

你从小就渴望找到一位白雪公主，170cm 以上的身高，模特一样的身材，倾国倾城之颜，而且家世背景优秀，学历高能力强，最好有车有房……

而你呢？你只是一个很普通的家伙，无论相貌还是能力甚至财富。显然你的要求太高了，你已经因为完美主义耽误了很多年，三十几岁了竟然还没有交过女朋友。你很渴望牵手的感觉，你希望感受女人的温暖，并且被人照顾。

除非是极端完美主义者，否则大部分人都会行动起来，因为这是本能的需求。你曾经对亲戚介绍、网络交友不屑一顾，如今虽然嘴里依然逞强，但是隔三岔五就会被家人安排相亲，从世纪佳缘到百合网，你已经成为五六家网站的会员……

先完成，再完美。用需求刺激自己，这是激发行动力最好的方式，没有之一。当你从中尝到甜头，就会有意识地做出改变，拖延症也会得到缓解。

高期望→行动→受挫→痛苦和失望体验

新的问题又来了，在高期望的状态下开始行动，受挫的概率会非常高。这就会产生痛苦和失望体验，从而导致逃避行为，最终又回到拖延的老路上。

【解决方法】

1.降低期望值

完美主义者受挫是必然的，在一两次失败之后，聪明人能够很快认清现实，放平心态，降低期望值。因此要先从完成状态下尝到甜头，逐渐来适应。

2.降低受挫概率

不仅是完美主义者，对所有人来说，受挫都会带来短暂的拖延。只不过有些人调整期较短，可以很快恢复；有些人则很长时间缓不过来，甚至选择逃避。

那么，对于完美主义者来说，最好的方式就是降低受挫概率，即人为降低风险。例如，只做有把握的事情。这样就可以有效避免陷入恶性循环，当有一定信心时再去尝试难度更大的任务。

3.唤醒内心强大的自己

当你不可避免地感受到痛苦和失望情绪时，就要唤醒内心强大的自己,这正是考验抗挫折能力的时候。你要在平时多些这方面的练习,逐步增加痛苦体验。例如通过运动感受痛苦,这类方法都可以让你的内心更加强大。

当以上方法都无效时

试着接受不完美的自己,毕竟人无完人。

有时候我们习惯高估自己,但在经历无数次失败,被现实摧残到体无完肤,想要一逃了之时,我们还有最后一个办法,就是与内心和解,接受自己的不完美,与自己的缺点共存。

第4章 对失败的恐惧

CHAPTER 4

【测一测】你对失败的恐惧有多深？

1. 遇见期待的工作机会时，你会怎么做？

   A. 马上投简历   B. 算了，反正也没戏

2. 工作中只发挥60%的能力，因为担心能力越强责任越大。

   A. 是的   B. 不是，工作中会尽全力

3. 平时尽可能结识人脉，积极参加各种社交活动。

   A. 是的   B. 不喜欢社交活动

4. 不敢当众发言，总喜欢躲在后面。

   A. 是的   B. 不是

5. 被加薪或升职后，总是觉得受之有愧。

   A. 是的   B. 不是

6. 取得成绩时只是暂时兴奋，很快就对未来忧心忡忡。

   A. 是的   B. 不是

7. 认为成功之后会带来更多麻烦。

　　A. 是的　　B. 不是

8. 在竞技比赛中胜出，会感觉很兴奋。

　　A. 是的　　B. 不是

9. 做什么事都想赢。

　　A. 是的　　B. 不是

10. 无论工作还是生活中，都不喜欢出风头。

　　A. 是的　　B. 不是

11. 总是因为胆怯、犹豫错失机会。

　　A. 是的　　B. 不是

12. 即便占理的事情，也不喜欢与人争辩。

　　A. 是的　　B. 不是

13. 从不发表主张，喜欢随大流。

　　A. 是的　　B. 不是

14. 相对于结果，更看重过程。

　　A. 是的　　B. 不是

15. 不喜欢被人关注，喜欢保持低调。

　　A. 是的　　B. 不是

计分标准：

　　2、4、5、6、7、10、11、12、13、14、15题选A得1分，选B不得分；

　　1、3、8、9题选B得1分，选A不得分。

测试结果：

得分越低的人，对失败的恐惧程度越低。也就是说，这些人敢于面对失败，抗挫折能力强，成功对于他们来说有着较强的吸引力。

得分越高的人，对失败的恐惧程度越高。这些人缺乏自信，不敢面对，成功对于他们来说没有吸引力，因此在工作中表现消极，经常出现拖延现象，工作效率自然很低。

社会现象：我们都在逃避什么？

如今在中国有一个很奇怪的现象，当大多数人都在疯狂追逐成功的时候，少数人却在拼命逃避，他们不是不想成功，只是无法承受付出的代价。

他们害怕失败，想要逃之夭夭，可压力如影随形，于是逃无可逃，这就加剧了这部分人对失败的恐惧。因为害怕失败，所以不敢行动，最终导致了严重的拖延症。

如今，中国人绝对是全世界最拼的，勤奋程度一度排名全球第一。这也导致压力的陡然增加，让很多习惯安逸的人受不了。

并不是所有人都具备过硬的心理素质，重压之下一定有人承受不了，于是这些人开始逃避，逃避成功、逃避行动、逃避痛苦。这是他们面对问题的方法，在他们看来，不行动就不会有结果，而没有结果就是最好的结果。

1.逃避成功

在人们疯狂追逐成功的年代，有些人能够保持清醒的头脑，不刻意去追求成功，选择按部就班地生活。这些人是值得称赞的，然而绝大多数人并非如此理智，他们也曾渴望成功，却因为能力不济败下阵来。

新梅一直以来都想做一位出色的职业女性，毕业后按照人生规划一步步行动，最初一切都很顺利。正当她意气风发之时，却遇到了职场潜规则。摆在她面前的只有两条路，要么忍受潜规则一路向上爬，要么被边缘化。

新梅选择了拒绝，结果很快被边缘化，毫无升迁机会。这次打击让新梅彻底崩溃，她没有了从头再来的勇气，很长时间缓不过劲来，对成功的渴望也越来越低。

渐渐地，新梅失去了希望，开始逃避。其实即便被边缘化，新梅的工作能力也还是很出色的，当其他人无法胜任时，只有她能够独当一面。所以，公司还会给她提供升职机会，只不过无法进入核心管理层而已。

然而，新梅早就没有了强烈的进取心，虽然表现不错，可她只是拿出了50%的工作能力，做事习惯性拖延，只要不是最后一位就行。

面对唾手可得的升职机会，新梅也不愿争取，甚至直接表示没有兴趣。

逃避成功，也就意味着逃避财富。这些人一定是受了较大挫折，在人生看不到希望的情况下才会做出如此选择。一个没有希望的人，做事就不会担心效率，拖延也就成了很正常的现象。

2.逃避压力

明明今年高三，之前学习成绩一直不错，全家人都对他抱有很大期望，希望他能考入重点大学。由于父母都是老师，所以从小对他的要求就比较严格。今年是关键的一年，所以父母给他施加了很大压力。

随着学习压力的增大，明明承受不住了，下学之后不是参加补课，而是跟几个校外的同学去网吧打游戏。回家之后由于父母不让睡觉，他就把自己锁在屋子里，父母以为他在用功看书，实际上是在玩手游。

很快，他的学习成绩直线下降，在压力面前他崩溃了。

教育学家认为，这是明显的考前焦虑，由于突然增加的压力导致了不适应。父母虽然是老师，但是并没有意识到问题的根源，只是一味施压，结果孩子承受不住了，索性以拖延对抗。

重压之下，很多成年人都会承受不住，更不用说一个孩子。压力一旦达到临界点，有些人就会出现异常反应，这是一个关键期，及时调整心态就可以顺利度过这段时期，处理不好则要么彻底崩溃破罐子破摔、要么选择逃避不敢面对。

3.逃避目标

出现这种现象的原因是将目标设定得过高，当发现自己的能力不足以实现目标的时候，就想要开始逃避。

李刚今年32岁，早已经到了谈婚论嫁的年龄。他有一个很漂亮的女朋友，然而情投意合的两个人却被现实堵在了幸福的门外。他们想结婚，但是丈母娘提出了明确的要求，可以结，必须买房子！

李刚是公务员，这份看似让人羡慕的工作，实际上每个月到手的工资也就四五千。随着北京房价的不断上涨，两家人的积蓄加起来都不够首付款。

为了跟心爱的女人结婚，李刚也是拼了，辞掉了公务员的工作，跑到私企做销售。经过一年的努力，工资就翻了一倍。当他月薪过万时，发现北京半年内的房价又涨了近20%。即便一年赚20万元，也要再等好几年才能凑够首付款。

由于女方家住东城，又不希望女儿住得太远，这真是要逼死李刚。眼看丈母娘下了最后通牒，一年内不买房就要他们分手，李刚绝望了。

此后，李刚不再拼命工作，而是重新找了一份安逸的工作，最终女友也离他而去。

这个案例中，李刚在被动情况下，将目标设定得过高，远远超出了自己的能力范围。当他意识到目标不可能实现之后，便开始绝望，从而放弃努力，陷入了拖延的状态。

4.逃避痛苦

美娟小时候父母就离异了，所以她最大的希望就是找个爱他的人好好过日子。可天不遂人愿，结婚之后夫妻就开始争吵，小矛盾不断，但每次都是美娟选择忍让。情绪积累到一定程度之后，美娟有些受不了了，回想起悲惨的童年，她经常感到痛苦，无法抑制悲伤。

她的工作开始出现问题，因为表现失常经常被领导批评。每天回到家之后，她不再做饭，也不再做家务，这也加剧了夫妻间的矛盾。

美娟晚上八点多到家之后，就躺在床上看电视，一直看到凌晨两三点。这样持续了一周之后,她就无法正常工作了,因为早晨根本起不来。她也试过早睡,可是童年的种种痛苦经历总是涌现出来,加上当前不如意的生活,让她很难入睡。

她开始休病假,半年之后被公司开除,而家里早就乱成一锅粥,丈夫无法忍受她甚至不回家,很快,他们就离婚了。

很多人面对痛苦的方式就是逃避,认为只要不去面对,就不会有问题。实际上,问题只是被拖延了,而且一直在积累。逃避只能暂时远离痛苦,但却无法彻底解决,最终只会让情况更糟,直至爆发。

心理诱因:失败恐惧症

一部分拖延症患者,是因为对失败的恐惧,导致出现逃避、退缩的行为。在心理学上,这称为失败恐惧症。这些人是现实世界中的失败者,只有通过幻想在虚拟世界取得精神胜利。所以一旦生活中遇到困难,他们就会想逃避,拖延正在做的事,寄希望于从虚拟世界找到胜利的方式。

造成失败恐惧症的原因有以下几种。

- ❖ 追求完美
- ❖ 能力不足
- ❖ 目标太高
- ❖ 压力过大
- ❖ 逃避痛苦

你害怕失败吗？请如实回答下面几个问题。

你不喜欢具有挑战性的任务。

A. 是　B. 否

在无法确定结果的情况下，你会习惯性地拖延。

A. 是　B. 否

面对可以改善生活现状的机会，你总是犹豫。

A. 是　B. 否

你喜欢选择难度低的工作，即便薪水很少。

A. 是　B. 否

如果全部选"是"，可以100%确定你患有失败恐惧症。这是几个非常典型的问题，你现在一事无成，且拖延成性，都是因为内心对失败极度恐惧。

典型案例：想太多的"猪"

小猪今年25岁，之所以被朋友叫作小猪，就是因为太懒了。小猪很聪明，学的是计算机专业，毕业后在一家小公司做技术人员，薪水8 000元左右。

小猪对自己的现状很满意，相比于其他行业，他的收入已经不低了。三年过去了，小猪换了两份工作，月薪12 000元左右，他依然很满意。

然而一次同学聚会之后，小猪就被泼了一盆冷水。他发现当年的同学有好几个都自己创业了，还有一个竟然成为上市公司的副总。要知道,他们当年的技术水平也没有比自己强多少啊!

被刺激到之后,小猪制订了一份创业计划,他认为凭借自己的技术水平与人脉,完全可以组织一个小团队。然而从信心满满到灰心丧气,小猪只用了一个小时。随着计划越来越详细,他发现困难越来越大。

最后在笔记本上写了一个结论:盲目创业,很可能赔光积蓄!

小猪的详细计划,每一条都经过"深思熟虑",结果都是风险太大。这是典型的失败恐惧症,很多有心创业的人,往往在最初阶段就输了,其中一点就跟小猪一样:想得太多!

实际上,小猪之所以想得太多,原因就在于追求完美,害怕失败。他想要一份完美的创业计划,而且是只赚不赔的。在互联网圈的创业浪潮下,这样的计划有点像天方夜谭,真正等作出来,恐怕好点子也早就过期了。

对于完美的过度追求,以及对于失败的极度恐惧,最直接的表现就是无动于衷。就像小猪一样,永远只是在计划之中。

理查德·比瑞博士的理论

理查德·比瑞博士就职于加利福尼亚大学伯克利分校咨询中心,他认为患有失败恐惧症的人有一套自己的理论,用公式表示即为:

$$自我价值感 = 能力 = 表现$$

意思就是,"如果我表现好,说明我的能力强,自我价值感就高";反之,"如果我表现不好,说明我的能力很差,自我价值感就低"。

理查德·比瑞博士认为,这是失败恐惧症患者评判价值的独有标准。出色的表现就意味着你是优秀人士,糟糕的表现就意味着你是平庸之辈。

正是这样的观点,造成了很多人不敢行动。因为一旦失败,就会给自己贴上"平庸者"的标签。

就像小猪,本身有一种优越感,如果创业失败,就会被贴上"失败者"的标签,而这是他无法承受的。

失败恐惧症患者,宁愿承受拖延所带来的痛苦,也不愿承受努力之后却没有如愿以偿所带来的失败。因为他们担心自己被贴上"失败者"的标签,担心自己被认为是"无能之辈""没有价值的人"。

典型案例:逃无可逃的女孩

英子今年25岁,是一位很普通的女孩,多年前患上了失败恐惧症,从此开始了逃避之旅。英子上初中后,父母的关系出现裂痕,妈妈一气之下远走他乡做生意,好逸恶劳的爸爸则开始酗酒。但为了孩子,他们并没有离婚。

英子性格开朗,待人热情,长得也不错,所以工作之后得到了很多帮助。英子工作很努力,她想证明自己的能力,也想多赚钱以便能够独立生活。所以，她选择了做业务。可是自从她工作之后，一直没有取得理想的成绩，即便领导、同事都很帮忙，分给她资源，帮她熟悉业务，三个月之后却一单也没有做成。

由于公司实行末位淘汰制度，英子只能黯然离开。这一次对她的打击不小，然而性格开朗的英子没有选择放弃，而是接连又去了两家公司，且都是做业务。可是她的成绩依然不理想，一次是被开除，一次是主动离职。

事业不顺，感情又出现了问题，相恋多年的男朋友另有新欢，离她而去。英子身心俱疲，连房租都付不起了，又不愿意重新回到那个伤心地。多重打击之下，英子想到了逃避。

她只身来到丽江，想要重新开始。在两个多月的游山玩水之后，她花光了所有积蓄，心情也恢复了。于是在一家客栈找了份工作，虽然赚得不多，但是很开心。

客栈事情不多，英子也变得越来越懒惰，导致老板对她颇有微词。半年之后的一天，英子与顾客发生了争执，结果老板借故开除了她。

英子很失望，这么简单的工作都做不好，于是开始怀疑自己的能力。这时，英子又想到了逃避，不过这一次她选择去大城市上海。她完全没有意识到自己面对的是什么，依然找了一份销售的工作。可是与小城市相比，这里的节奏简直太快了，英子根本承受不了。

在这里，没有人特意帮她，因为大家都很忙。她因为压力太大而经常哭泣，开始还有人可怜她，但是由于工作效率太低影响了团队，拖了其他人的后腿，渐渐地大家对她的抱怨越来越多。结果只做了两个月，英子就主动离职了。

英子认清了现实，认为自己就是一个失败者，根本做不了销售，所以干脆找了一份前台的工作。当她开始接受自己失败的样子之后，对再好的机会也不会动心了。当年在丽江客栈干活时认识了一位姐姐，两个人在上海的一间酒吧偶遇后，相谈甚欢。

这位姐姐是开广告公司的，听说英子做过销售，于是想邀请她加入。结果屡次遭受失败打击的英子已经不敢再尝试，于是婉拒了。

本以为前台的工作很容易，但是英子性格大大咧咧，经常出错，因此没少挨批。她开始害怕上班，担心做不好被批评，被人说成一无是处。于是，她的拖延症加重了，醒来之后不想起床，导致总是迟到。之后，甚至不想去上班，开始频繁请假。

公司对她的抱怨越来越大，她甚至不敢去面对领导，索性打个电话说"我辞职了"。就这样，英子又开始了逃亡之旅。

这是典型的失败恐惧症，担心什么都做不好，结果导致拖延，之后进入了恶性循环。生活是逃不掉的，或早或晚，都要学会如何面对。拖延一时，却无法拖延一世，如果不能及时调整心态，迟早会耽误了自己。

【解决方法】我们该如何面对失败的恐惧

恐惧失败的人，也恐惧成功。

没搞错吧？

的确如此，人们会因担心失败而拖延，也会因畏惧成功而拖延。

"升职加薪了，事就多了，我该忙不过来了。"

"我可不想当领导，不愿意操那份心。"

"光环背后必定压力重重,我从来不羡慕那些成功人士。"

....

无论是失败恐惧症,还是成功恐惧症,都会导致拖延,所以都应该引起重视。那么,我们该如何面对呢?

两种心态

在了解战胜恐惧的方法之前,先了解两种心态——固定心态与成长心态。

这是斯坦福大学心理学家卡罗·德威克的理论,她解释道:

固定心态理论认为,智力和才能是与生俱来的,是固定不变的。 如果你具有固定心态,就不能犯任何错误,因为一旦犯错,就证明你不够聪明,缺少才干;同时,你不需要努力,因为付出努力,就证明你还不够聪明,而且没有才华,等于给自己贴上了"失败者"的标签。

德威克认为,对失败的恐惧正是从固定心态衍生而来。当事情变得艰难时,有着固定心态的人就会开始退缩,并且失去兴趣。因为他们不想做任何可能导致失败的事情,否则就会证明自己无法胜任,说明自己能力不行、毫无价值。

这时拖延便产生了,并将人们从可能发生的失败中保护起来。

成长心态则认为,能力是持续发展的,通过努力,每个人都会变得更聪明、更优秀。

拥有成长心态的人,认为努力可以成就更好的自己,激发更多的潜能。能力不再是固定的,而是变化发展的。这样你就没有必要去证明什么,成功是为了更好地进步,而失败则是给了你更加努力的理由。

如何面对失败的恐惧

1.你对成功的渴望必须超过你对失败的恐惧

对于拥有固定心态的人来说,成功也会让他们感到恐惧,但这是战胜失败恐惧的方法。当一个人对成功的渴望非常强烈的时候,就不会担心失败的后果。

比如前面提到的李刚,他需要买房子结婚,假设他能拿出首付款,且渴望成功又足够强烈(因为他要娶媳妇),就会直接购买,而不会担心买完之后还不起房贷。

2.把你的成绩写下来

恐惧失败的人会想到很多后果,这类负面信息越多,就越会让人失去信心,从而导致拖延。你可以试着写出最近取得的成绩,例如新签了3个客户,PPT制作精美得到上司的夸奖。看到成绩你就会增加信心,对成功的渴望也会更加强烈。

3.改变态度

你要让积极的想法占据自己的脑海,敢于面对问题,并且鼓足勇气。

4.勇于接受批评

要勇于接受外界的批评,不能认为别人的批评是世界末日,而要看到积极的一面,因为你可以从中吸取教训从而努力改变。

5.提高心理承受能力

抗压能力差的人一旦遭遇失败就会止步不前。如果你有一颗强大的内心,就能够很好地面对失败。

6.学会面对恐惧

什么是你最害怕的东西?美国斯坦福大学神经科学家戈尔丁认为,消除恐惧感最有效的方法就是反复面对自己害怕的东西。

你害怕当众讲话吗?那就找机会多在朋友、同事面前发言,之后在与陌生人的聚会上发言。只有多练习、多面对,才能消除恐惧感。

7.幻想疗法

通过幻想成功画面进行治疗,实际上就是通过积极心理暗示自我激励。美国海军心理顾问马克·泰勒发现,运动员在比赛前充满对失败的恐惧,如果想象赛后获胜的场面,则会增强信心,给自己积极的心理暗示,从容应对竞技压力,最终可能在比赛中获胜。

第5章

懒是你不愿行动的原因

CHAPTER 5

【测一测】你的懒惰指数有多高?

懒惰是导致拖延的原因之一,要想治疗拖延症,就要清楚自己到底有多懒。懒惰的人缺少行动欲望,好逸恶劳,贪图享乐。尽管不能简单地将导致拖延的原因归结为懒惰,但是两者确实有交集。

加拿大卡尔加里大学的皮尔斯·斯蒂尔教授常年研究拖延症,他认为导致拖延症的最重要因素包括:信心不足、动力缺失、冲动分心和回报遥远。而懒惰就属于动力缺失这一项。

想知道自己到底有多懒吗?完成下面的测试题吧!

1. 工作缺少积极性,磨洋工。

 A. 是　B. 否

2. 工作消极被动,每次都要上级逼着才能完成任务。

 A. 是　B. 否

3. 工作经常分心，闲聊、刷朋友圈、逛淘宝。

　　A. 是　　B. 否

4. 业绩经常不达标。

　　A. 是　　B. 否

5. 做事效率低。

　　A. 是　　B. 否

6. 遇到棘手问题就想退缩。

　　A. 是　　B. 否

7. 总在计划，却很少付诸行动。

　　A. 是　　B. 否

8. 意志力差，很难坚持运动。

　　A. 是　　B. 否

9. 生活习惯不规律，晚睡晚起。

　　A. 是　　B. 否

10. 没有进取心，没有目标。

　　A. 是　　B. 否

测试结果：

　　以上10道题，如果超过半数是肯定回答，就说明你的懒惰指数已经相当高了，必须引起足够的重视。大部分懒惰的人都有拖延症，如果你希望改变，就要克服懒惰的习惯。

社会现象:"世界上99%的人都是贪图安逸的"

"世界上99%的人都是贪图安逸的",这句话是一次酒局上一位亿万富豪说的。此人极其低调,十分谦逊,每次踢球结束就走,甚至只能踢一会就跑去开会,时间安排得非常紧凑。

他是混风投圈的,阅人无数,早年间跟莆田系开医院,后来做过广告公司,大大小小的公司开过十几个。可以说只要能赚钱,送快餐这样的小买卖他都会做。

见了这么多人,他最常说的一句话就是:不怕穷,不怕笨,就怕懒。他是南开大学的高才生,最牛的那三届,脑子相当活泛。不过他也见过很多企业家,脑子没那么快,但就是勤奋,同样也获得了成功。

殊途同归,勤能补拙。在他看来,只有懒人是毫无希望的,所以他招人有一个原则:可以笨,但不能懒。在他的公司,员工们都很勤奋。

懒惰是一种"权力",在我看来则完全是由环境决定的。如果国家福利好,人民没有那么大的压力,再加上生活方式、观念的不同,便很容易形成惰性。

不过,从人性的角度分析,绝大多数人都是贪图安逸的,因此不能笼统地说成懒,只是每个人的追求不同。

为什么老板总是少数,打工者却占多数?总有一些勤奋的人会领导懒惰的人,既然懒那就给别人打工吧。

美国媒体就曾指出中国社会存在一种无奈的现象——未富先懒。

> 富二代不创业，拆二代靠租房，农二代挑活干……

这指的是一些人日子好了，也就失去了奋斗的动力。更可怕的是一些离富裕标准还很远的人，也开始变得越来越懒。

这样的现象是社会发展到一定阶段而诞生的，不仅在中国，其他国家也存在这种现象。

NEET 族

Not in Education, Employment or Training

不上学，没有工作，也不接受职业培训的人

——在英国，这群人的年龄段在 16～18 岁，既不上学也没工作；

——在日本，这群人的年龄段在 15～34 岁；

——在美国，叫法不同，被称作"归巢族"——成人后却选择回到父母身边，为了享乐或逃避自谋生路的困难。

看吧，即便是欧美发达国家也有很多懒人，所以说懒惰正在全球化、年轻化，主要还是日子太好了。

一些西方富裕家庭是如何处理这群懒蛋的呢？他们宁愿将财富捐给慈善机构，也不留给孩子。

比尔·盖茨只给自己的每个孩子留 1000 万美金，这在很多人看来已经是天文数字了，但是与他的财富比起来，只能算是零花钱。巴菲特也曾表示，不会给子女留太多遗产。

坐享其成很容易毁掉一个人，当你拥有巨额财富之后，可能不会像之前那么拼，容易出现懒惰现象。

人无压力轻飘飘,如果你不想变成一个懒蛋,就要学会给自己以适当的压力,不断用新的目标调动自己的预期回报。懒惰一旦成为习惯,就会导致严重的拖延症,到时可就不好改了。

如果你在中国,又刚好在一线城市,那么你应该很庆幸,你不会变得太懒,因为节奏太快让你根本停不下来。

一线城市,有多少人敢说自己没有压力?大部分人都是来寻找梦想的,梦想永远都在,但是人会变老,所以容不得片刻拖延。

打个比方,一位政府机关的工作人员每天工作8小时,午休1小时30分,实际工作时间6小时30分,有效工作时间假设是5小时,实际情况可能更低。

一位国企员工每天工作8小时,午休1小时30分,实际工作时间6小时30分,有效工作时间假设是6小时,实际情况可能更低。

一位私企员工每天工作10小时,午休1小时,实际工作时间9小时,有效工作时间假设是7小时,实际情况可能更低。

一位创业者每天工作14小时,午饭30分钟一般都在应酬、开会,实际工作时间14小时,有效工作时间超过10小时,实际情况可能更高,因为这些人的效率更高。

那么差距已经很明显了,以财富作为衡量标准:

假设公务员3 000元月薪

国企员工5 000元月薪

私企员工8 000元月薪

创业者20 000元月薪

根据10 000小时定律,5年之后,各自都将成为行业的精英。然而,公务员与国企员工的薪水可能只是正常涨幅,几乎可以忽略不计。

私企员工每年至少 10% 的浮动,那么 5 年之后的月薪应该达到 12 000 元;

创业者则不好估算了,当然有可能赔得血本无归,但是技能、人脉、经验等都在不断增值。如果一切顺利的话,他们的薪资增长速度至少是 20%,那么 5 年后至少月薪能够达到 40 000 元。这是非常保守的估算,很多小老板的年收入甚至可以达到 40～50 万元。

5 年之后的差距已经很明显了,无论是生活水平还是工作水平,四类人都拉开了不小的差距。我猜测,公务员和国企员工到时一定或多或少染上了"懒癌",或多或少饱受着拖延症的折磨。

这就是贪图安逸的结果。我是一位创业者,但是我尊重每个人的选择。你可以懒,但我绝不会雇用你,不是因为看不起你,而是价值观不同。

既然你选择来到大城市,就应该拼出个模样来。你一无所有,跑到大城市难不成是来享福的?如果你不拼命,大城市对你来说就只能是地狱。

心理诱因:深陷"心理舒适区"

懒惰的人都是因为长期躲在"心理舒适区"不愿意出来,这是他们的温馨港湾,在这里没有压力、没有风险,可以舒适地生活。

"心理舒适区"指的是一种心理状态,即人们感到安全、舒适。而一旦超出这种心理状态,就会出现焦虑、不安全甚至恐惧。

然而很多人已经意识到，虽然处于这种心理状态下"一切都好"，但是却会变得越来越平庸、越来越懒。

这种状态会在收入锐减时拉响警报，让很多人逐渐意识到必须做出改变，跳出"心理舒适区"。

1908 年，心理学家罗伯特 .M. 耶基斯和约翰 .D. 道森提出了一个概念，叫作"最优焦虑区"。这是一个压力略高于普通水平的空间，处于舒适区之外。

人们只有达到"最优焦虑区"，才会表现出最佳水平。简单来说，适当的压力可以逼自己做出更大的成就；没有压力则会处于"心理舒适区"内，也就没有成绩；而压力过大则会适得其反，让人们倾向于恢复到舒适状态。所以，想要彻底离开"心理舒适区"并不容易。

美琪在银行从柜员做起，几年时间就升至部门经理，年薪 20 万元。由于是国有银行，没有那么大的压力，美琪发现不用那么拼也可以在体制内混得不错。

于是，她开始出现懈怠，不再积极营销，致使业绩大幅下滑。两年之后，银行人事调整，美琪因为表现不佳被降职。

美琪的案例十分典型，相信很多人都犯过类似错误，尤其是女性。女人本来就更加渴望安全感，喜欢安逸的生活，所以很容易进入"舒适区"，一旦习惯就很难跳出来。

人类对不确定的事物存在本能的排斥，甚至恐惧。经济学家卡尼曼谈到，人们厌恶风险，厌恶那些不确定的事情。如果让他从心理舒适区走出来，就会产生焦虑的情绪。

这样的例子我见过很多，有些"北漂"年轻的时候真的很拼，因为他们连房租都付不起，有人发誓这辈子绝不能再住地下室了。

几年之后，这些人都做出了一点成绩，在北京买了房子，安家立业。虽然没有还完贷款，但是压力小了很多。居无定所确实能给人带来很大压力，一旦有了着落，很多人就想歇一歇了。

于是这些人不再那么拼命了，即便已经做到了公司中层，有了一定的人脉、资源、渠道，只要他们想就可以开始创业，且成功的概率是非常大的。可惜的是，他们在舒适区待得很满意，并不想离开。

本书的目的是治疗拖延症，如果你已经察觉自己有拖延的行为，这就意味着你的现状过于舒服了。而要想改变，就必须离开。

走出去之后就是一片未知的世界，感到恐惧是很正常的，但是随着迈出第一步，你会发现其实并没有那么难，你只需找到"最优焦虑区"，就可以表现出最佳水平。

突围的方法

首先，你要告诉自己，必须走出舒适区，否则也不会买这本书了。你已经深陷"舒适区"，变得越来越懒，并且开始出现拖延症，你的工作效率降低，业绩下滑，很快将影响你的收入、影响你的生活水平，甚至影响你的家庭幸福。

既然已经到了别无选择的地步，那么就开始改变吧！

1.每天增加新鲜感

跳出舒适区，最怕的就是突然增加压力，一旦越过临近点，就会本能地选择逃避，所以要循序渐进。你可以：

换一条路线回家，或者换一种方式回家

选择一条新的路线，你会看到不同的风景；如果你每天坐地铁下班，不妨改坐公交或者骑车回家。

如果说上班怕迟到，工作太忙，那么下班后一般就比较闲了，试着体验一次，一定会由不同的感受。

尝试新的餐馆或菜系

总吃固定的菜系没意思，换一换口味。吃惯了中餐，可以尝试一次西餐。也许你不喜欢这样的味道，但是一定会喜欢这种新鲜的感受。

越南菜
泰国菜
新加坡菜
马来西亚菜
……

哇，原来有这么多菜系没试过呢！

每天改变一点点，但尺度不要太大，以不断增加新鲜感。渐渐地，你会觉得这样的生活也不错，于是开始喜欢并追寻这种生活，从而逐步走出舒适区。

2.相信自己，快速做出决定

不自信的人，在需要做决定时总会犹豫，而且会找出很多借口，最终一事无成。你要相信自己，哪怕是错误的决定也没关系，同时告诉自己：从来就没有完美的决定！

3.与人同行

你需要找一个榜样，他的生活正是你想要的，然后多接触、多感受，以激励自己。例如你很羡慕高效能人士，他们都是工作狂，每天的时间都安排得很满。他们会见不同的人，参加各种会议，一天要做很多事情。

如果你喜欢这种忙碌的状态，就要多跟这类人接触，从他们身上找到感染你的力量。随着渴望变得强烈，改变也会随之而来。

4.走向恐惧

你所恐惧的事正是阻碍你离开舒适区的原因之一，越是害怕越要面对，不走出第一步，就永远也离不开舒适区。

你想创业吗？

你担心输得一败涂地吗？

你的恐惧跟大多数人一样，试问，谁又不是呢？

把身边创业者的例子列出来，你会发现最开始的时候都是九死一生。

他们现在还好吗？

有的人放弃了，逃回了舒适区；（划掉这类人，
　　显然这不是你的目标）
有些人赔光了积蓄，但是积攒了经验，现在从头再来；
　　（这是你可能的结局）
少数人成功了，赢了全世界。（这是你的目标）

好了，如果你能接受，开始行动吧！

把你恐惧的事写下来，面对它们，解决它们！

5.接纳不悦

走出舒适区，无疑会让人感到不悦，你要做的就是接纳这种不舒服的感觉，并且习惯这种状态。不要抗拒这种感觉，每一次不悦感来袭，你都要清楚，这代表着成长，下一次会更好。

加班让你烦躁吗？
看看周围，大家都在加班。
接受这种现状，
即便没有任务也主动留下来加班，直到适应为止。

不悦感如果长期存在，说明你给自己的压力过大，这时可以选择放弃，否则会起到适得其反的效果。

典型案例：起床困难户如何通过APP自救

连起床都困难的人还能做什么？这是拖延症晚期的表现，如果不赶紧治疗，人生即将面临无可挽回的境地。相比于上班族来说，学生党要想解决起床问题更为艰难，因为没人罚款！

人都是懒惰的，唯有依靠制度加以限制。学生党一旦到了假期，没了约束，可谓撒开欢了，吃饱睡，睡醒吃，然后再睡，俨然猪一般的生活。这一点都不夸张，很多大学生甚至逃课睡觉，他们真的有这么困吗？

起床困难户最怕的就是冬天，北方还好，有暖气，南方阴冷潮湿，早上天没亮就要起床上班上学，的确是一件很痛苦的事。这一节的主人公小董就是一位资深起床困难户，他的行为超乎了很多人的想象。

冬天来了，小董竟然选择了辞职"冬眠"！

"我辞职了。"

"找到好工作了？"

"没有，冬天来了！"

"冬天来了跟上班有什么关系？"

"冷啊！我得在家睡觉！"

小董生活在二线城市，家境还不错，生活无忧，从小就很懒，患有很严重的拖延症。然而，这一次他的做法再次震惊了同事与家人，辞职的原因竟是冬天天冷起不来。

小董刚工作不久，是公司的文职人员，每日工作清闲，没有女朋友，也没有生活压力，赚的钱够自己花就行了。

做出这个决定也是经过了一番煎熬。头两年的冬天，小董都是靠家里人把他叫醒的。后来父母要做生意，很早就出门了，他只能借助于闹铃的帮忙才能起床。

然而，他不断变换闹铃的间隔时间，想要找到适合自己的节奏。最夸张的是，平时7:30起床，闹铃设定在6:30、7:00、7:30，从间隔5分钟变为了间隔30分钟。即便如此，小董最早一次起床也要到8:30。

第一遍闹铃几乎没用，最多让他打两个滚；第二遍闹铃能让他睁开眼睛看看表；第三遍闹铃会让他意识到该起床了。不过，没有家人生拉硬扯的帮助，他就是不愿意起床，还说"天气实在太冷了，想再躺会"。这一躺不要紧，又是一个小时过去了。

每到冬天，小董就会频繁迟到，那点工资根本不够扣的，领导也多次找他谈话，给他施加了很大的压力。

在又一次挨批之后，小董终于下定决心，不是"再也不迟到了"，而是辞职回家睡觉了。

这两年，这种工作方式已经成为小董的常态。每到冬天，他就辞职回家"冬眠"，第二年开春后再找工作。

小董之前并没有意识到问题的严重性，直到工作越来越难找，薪水越来越低。他也发现身体和心理都出现了异样，每天起床都会烦躁不安，对他人情绪失常，影响人际关系，身心都很疲惫，整天都没精神。

在咨询了心理医生之后，小董意识到自己患有严重的拖延症，与自己的意志力、自控力较低有关系；同时他的依赖性强，性格随心所欲，这都导致了赖床的行为。

赖床行为自测：

——每天早晨不愿起床，赖床时间超过1小时，并持续2周以上；

——每次起床都很困难，在多次催促下仍然需要反复挣扎30分钟以上；

——心情不好时就想上床躺着；

——没事可做时就想要睡觉；

——喜欢待在床上，离开床一段时间就会有不适感。

以上行为都说明患有赖床症，而关键原因很可能是拖延症。

治疗赖床的方法有很多，一般患有赖床症的人，也是手机控，他们也许已经不困了，但就是不想起床。结合这种情况，最好的方法就是通过APP治疗。

专门叫早的APP非常多，可见这类"患者"为数不少，具体可以根据个人喜好下载。传统闹铃对于重度拖延症患者来说意义不大，可以随手关掉继续埋头死睡。而APP设计者们早就想到了类似的情况，比如一款名为"走路和唤醒"的APP，就专治这种人。

这款 APP 要求人们必须走上几步才会停止叫早，如果你是超级大懒蛋，走上两步去趟厕所回来还能睡着。当然还可以通过 APP 设置步数，比如走 100 步才能停止叫早。我想，一般人被这么折腾都会清醒了。

此外，这款 APP 还设有多次报警、不同的铃声等，但这些特点与其他 APP 区别不大。

通过 APP 叫早远比闹铃有效，除非你选择强制关机（对于手机控来说，这一点很难做到）或者结束程序，否则必须起来走几步它才会停下。这种设计完全可以让大部分赖床者迅速清醒。

【解决方法】把日程排满，不给懒惰留时间

解决懒惰同样要从心理与方法上同时进行，要想去根还是要解决心理问题，首先要了解懒惰的几大心理成因。

① 依赖性强

②缺乏上进心
③逃避心理

①依赖性强——大部分情况是由于家教方式错误造成的，过度溺爱导致孩子形成高度的依赖性，家庭中依赖父母，工作中依赖同事，生活中依赖朋友。

社会是一所最好的大学，在严酷的现实面前，任何依赖心理都会被削弱。有意识接受挑战，不断给自己施压，你会发现可以依赖的人越来越少，从而就能逐渐克服依赖心理。

②缺乏上进心——是因为长期预期回报低导致的，没有目标也就没有进取的动力。改变的方法也很简单，开始给自己设定目标，从最急切、最感兴趣的事入手。例如你想买一部iPhone7，可你的基本月薪只有4 500元，即便一个月不吃不喝什么都不买也不够。目标激发动力，你会努力工作，争取多拿提成，这样才能尽快入手一部iPhone7。

逐步提高目标，你会从每一次成功中感受到积极的能量，从而爱上这种感觉，变得更加上进。

③逃避心理——有时候懒惰是因为逃避心理造成的。越是失败的人，心理承受能力越脆弱，他们承受不住失败的后果，所以选择逃避，因为不去做就不会输。这也导致了拖延现象的发生。

当逃避成为家常便饭，懒惰也成为附属习惯，再想改变就很难。逃避是无法解决问题的，当问题越积越多，更无从下手，这样就会导致恶性循环。因而还是要从简单的问题入手，学会勇敢面对，逐渐找回信心。

解决了心理问题之后，就可以采用相应的辅助方法予以治疗了,这时你的"懒癌"也就有救了。

解决懒惰的辅助方法有很多,我认为最简单的就是"busy doing",即始终让自己处于忙碌状态。

一直忙着做某事,就没时间犯懒了。虽然这样并不一定能提高工作效率,但至少能改变懒惰的习惯。

当然,你要做的并不是瞎忙,你的终极目标也并不只是改掉懒惰的习惯,而是改掉拖延症,提高效率。研究证明,瞎忙并不能提高效率。

1990年,三位心理学家前往位于西柏林中心的艺术大学,对该校的一些小提琴演奏家进行了跟踪测试。

研究人员选出了一批精英演奏者与普通演奏者,目的是弄清楚为什么精英演奏者比普通演奏者更加优秀。

当人们认为精英演奏者更加刻苦、训练时间更长时,结果却令人意想不到,两者的工作时间大致相同,区别则在于他们是如何利用时间的。

精英演奏者将练习时间放在早上与下午两个固定时段,这是他们认为最高效的时间段。心理学家还发现,越是高水平的演奏者,实际休息的时间越多。

可见,瞎忙并不能提高效率。改变懒惰的第一阶段可以采用瞎忙的方式,但从第二阶段开始就要按计划进行了。这就要求制作日程表,先把每天的任务排满,然后想办法提高效率。

关于制作每日计划表,我推荐两种方式:手账或APP。大部分懒惰的人肯定不会选择手账,那么下面就介绍更为简便的方法,即通过手机APP制作日程表。

此类 APP 很多，在下篇也会重点介绍，这里选用 365 日历这款软件作为说明。365 日历有三个版本，安卓版、iPhone 版与网页版，这里用的是网页版。

首先登录 365 日历的官网：http://www.365rili.com/。

然后，选择 web 在线版。

我没有注册，而是直接用快捷登录的方式，这样就节省了时间。接着进入主页面。

实际上，这是一个月计划表，直接点击具体日子就可以编辑任务。你只需要把每天排得满满当当，这样就没时间犯懒了。

第一阶段只需要排满任务，第二阶段则要考虑效率，例如

"2. 到公司收拾办公桌；3. 浏览新闻"，这两项都可以用更加高效的任务替换掉。

总之，通过这种方法，你的日程会变得满满当当，没有闲工夫也就没机会犯懒了。不过需要注意的是，刚开始的时候不宜把日程排得太满，否则压力过大很容易导致出现逃避行为。应该在你能承受的范围之内逐步增加工作任务，给自己留出缓冲期。

下篇

拖延症治疗实践

第6章 拖延是种病，改变习惯才能被治愈

CHAPTER 6

【测一测】从工作习惯来看你是否热爱自己的工作

只有热爱工作的人才会积极主动，对工作没有兴趣的人只会磨洋工，从而导致拖延现象。到底喜不喜欢自己的工作？有时候自己也说不清楚。不过，习惯不会说谎，你在工作中表现出的习惯，可以从侧面揭示出你是否热爱工作，也可以由此判断你有没有拖延症。

请如实回答下面的问题。

1. 你从不谈论某某人，而是谈论他们做出的成绩。

2. 对于未完成的任务，你会非常期待明天继续跟进。

3. 你会把每一位客户当作朋友来对待。

4. 你工作起来会很投入，并且享受这种感觉，从不会觉得累。

5. 你会对别人讲自己的公司有多酷，并且推荐好友加入。

6. 你喜欢与同事沟通，喜欢参加会议，你觉得可以从其他人的想法中学到更多。

7. 你想拿下每一个项目，也很相信自己的能力，从不担心失业，而是担心没有发展前景。

8. 你在工作中与同事的关系很好，赢得大家的肯定与尊重，上级也对你非常器重。

9. 你不想让同事失望，因此努力做好每一项工作。

10. 你从没有在正点下班，大多数时候都是最晚离开的几个人之一。

11. 你看重成功带来的满足和喜悦，而不仅仅是升职加薪。

12. 你总是想从工作中获得更多的知识、更多的经验，为此努力探索，主动承担更多任务。

13. 你喜欢主动帮助同事，你认为帮助团队提升能力是分内的事。

14. 你认为自己不会退休，没有工作的日子简直太无聊了。

以上描述有几条符合你的实际情况,请做出选择。

0～3条:你对现在的工作没有兴趣,每天很可能是在应付工作。如果你想改掉拖延症,那么可以考虑换一份工作了。

4～6条:你对目前的工作没什么感觉,说不上讨厌,也说不上喜欢。如果你对现状很满意,那么不需要改变,但你的效率一定不高。如果你想要变得更加高效,建议你找一份更具挑战性、更感兴趣的工作。

7～10条:你很喜欢现在的工作,对团队也很满意。

11～14条:你要么是工作狂,要么是创业者,且疯狂地爱着你的工作。你是一个有梦想的人,想要做出一番成就,拖延症跟你无缘。

社会现象:习惯性拖延症候群

你能想象美国著名经济学家乔治·阿克洛夫教授也是拖延症患者吗?要知道,他可是2001年诺贝尔经济学奖获得者。据说当年他住在印度时,朋友来他家小住,之后遗落下一箱子衣服,因为有急事,所以想要他帮忙邮递回美国。

然而,印度的办事效率很低,这件事可能要花掉阿克洛夫一整天的时间。他很忙,实在耗费不起。于是,他开始拖延办理此事,竟然一直推迟了大半年。

直到他在印度的工作快要结束了,准备回国之际才下决心完成这项任务。这时,正好有个朋友也要邮寄一些物品回美国,阿克洛夫才终于把朋友的衣服寄了回去。

习惯性拖延已经成为一种普遍的心理现象。心理学家 Ferrair 调查发现，20% 的美国人可能是长期的拖延者，他们在生活、工作、恋爱中都有拖延的表现。而一些网络调查显示，在我国超过 70% 以上的被调查者都声称存在拖延症。这不是危言耸听，美国这种超级大国都有这么多人在拖延，国内的情况绝对不会太乐观。

即便是大城市，每天面临做不完的工作以及巨大的压力，依然会有很多人因为各种各样的原因而拖延。这也是他们虽然拥有如此好的机会，却依旧拿着低薪的原因。

之所以说习惯的力量是非常强大的，就是因为习惯很难被改变。好习惯成就一个人，坏习惯毁掉一个人。当拖延成为一种习惯时，也就意味着你的效率会变低，直至低到平庸的状态。

如今，拖延症候群已经成为一种现象，说明患有拖延症的人很多。这些人被习惯性拖延逐渐蚕食，更可怕的是很多人并不自知，直到生活或工作发生巨变才会意识到。很多人因此被降职、降薪甚至开除，当他们的实际利益受到侵害之后，才会开始寻找原因，只不过这时已经形成了习惯，再想改变已非常困难。

习惯性拖延症候群主要由几类人群组成：懒惰者、有意拖延者、压力型拖延者、完美主义者、畏惧者。

其中，有意拖延者是主动拖延，其他都属于被动拖延。有意拖延这一类人群，主要是习惯在压力之下工作。这些人选择延后处理任务，是因为自己在截止时间临近的压力下会完成得更好。

美国漫画家比尔·沃特森曾说："创意不像水龙头可以随时开关，必须有恰如其分的心绪。哪种心绪？事到临头的惊慌。"

我认识一个做文案的小姑娘就是这样，每天在公司无所事事。

我感到很奇怪，于是就问她："你这么混不怕老板开除你？"

她告诉我，写文案需要灵感，白天的时候太乱写不出来，所以她经常是晚上在家写，白天也就基本无事可做。老板曾经找她谈话，领导也让她在工作时间完成任务，但是拿出来的文案简直没法看。渐渐地，也就容忍了她这种工作方式。

而且，这个小姑娘还有严重的拖延症，不到截止日期就觉得没事可做，剩下最后几天的时候才开始着急。只不过她跟其他人不一样，重压之下不是崩溃，反而效率更高。她自己也发现了这一规律，所以更加有恃无恐，每次只要熬夜写个两三天，都能很好地完成任务。所以快到最后期限的那几天，她干脆请假在家，也不会被公司扣钱。

根据耶基斯-多德森法则（the Yerkes-Dodson Law），人们处于最佳唤醒水平时，才有动力完成任务。唤醒水平过低导致动力不足，过高则容易产生焦虑，影响工作表现。

这个小姑娘就属于有意拖延者，在最后期限快到的时候，才会达到最佳唤醒水平，也才有动力完成任务。

这类人群实际上并没有受到拖延症的影响，反而尝到了甜头，只不过如果他们能够改掉拖延症，一定会进一步提升效率。

其他几类人则不一样，他们都是深受拖延症之苦。例如压力型拖延者，其抗压能力明显不足，压力越大越容易拖延。剩下几类人在前面都有介绍，此处不再赘述。

此外，习惯性拖延者还有一个特点，就是独立性很强。他们不喜欢被人指使，一旦有人命令他们必须完成某件事，就会产生抵触心理，进一步出现拖延行为。然而越是这样做，越会对自己不利。试想，如果你不是公司不可或缺之人，哪个老板会这样惯着你？

习惯性拖延已经成为一种社会现象，而且人数越来越多。因为身边的拖延症患者越来越多，很容易找到志同道合的人，很多人渐渐地接受了自己拖延的行为，而且改变的意愿越来越低，因为"大家都一样"。

这是个很可怕的想法，也是拖延症候群的危害所在，甚至有人不以为耻反以为荣。试想：如果你每天都跟一群病人混在一起，那么患上毛病是迟早的事。所以要及时改变环境，尽量与积极的人在一起，与那些想要改变拖延症的人在一起。

方法1：立即行动帮你杀死拖延

"在通向失败与绝望的路上，堆满了没有付诸行动而要实现的梦想。"——拿破仑·希尔

理查德·布兰森，维珍集团创始人，16岁便辍学创业，创办了自己的杂志，之后创建唱片公司，陆续签下性手枪（sex pistols）等知名乐队。他开始涉足很多领域，交通、手机、化妆品、唱片……如今，他的旗下已经有超过400家公司，个人财富超过30亿英镑。

理查德·布兰森给公众的印象就是爱冒险的嬉皮士，他的习惯也跟他的性格相符，"管他呢，直接去干吧！"

立即行动的习惯也是理查德·布兰森成功的原因之一。当别人还在思前想后的时候，他的勇敢性格已经让他迈出了第一步，尽管有些时候这些举动确实很荒诞。

布兰森不会开飞机，也不懂飞机，却创办了航空公司。对其他领域也是如此，他在涉足之前并没有详细地了解。因为在他看

来，如果你准备做一些重要的事情，那么你将永远不会感觉做好了准备。

也许是天性如此，布兰森喜欢富有挑战性的工作，会被一种兴奋感所吸引，这就养成了立即行动的习惯。在他看来，一个人在从事之前并未涉及过的领域时，会感到不确定、准备不足或资历不够。但这些都不是问题，没资源、没经验、没资金、没人脉……这些都不是问题，只有立即行动才能够成功。

行动力是成功人士必备的好习惯，只有养成立即行动的习惯才能将拖延行为扼杀在摇篮里。

要想成就一个人，培养其立即行动的习惯就够了；要想毁掉一个人，任其拖延下去就行了。为什么社会上平庸者比比皆是，精英却永远只是少数？难道两者之间真的差在"硬件"智商上吗？

实际上，把天才刨除在外，普通人之间的智商差距并不大，马云、王健林、马化腾这些财富大佬并非智商高人一等，他们究竟赢在哪里？

其中，很关键的一点就是习惯。这些人具备成功人士的大部分优秀习惯，行动力就是重要的一点。

>一个绝妙的点子 + 完美行动力 = 成功的前提

任何事情，只有开始行动才有成功的可能。同理，要想改变拖延就必须行动起来。

有这样一个人，从16岁开始就有很多梦想，最近的一个就是要考上重点大学。实际上，他的各科成绩都不错，只有数学稍差，只要再提高几十分，梦想就能实现。可是他在几次考试成绩不理想之后,就认定自己的智商低,考不上大学。结果他不再复习,最终连普通大学也没考上。

24岁,在一家工厂上班的他遇见了一位美丽的姑娘。他想娶她为妻,可是始终不敢表白,因为自己没房没车。当女孩主动示好之后,他竟然选择了退缩,两个相爱的人没有开始就已经结束了。

25岁,遭遇情感打击之后,他想要成为有钱人,因为这样就可以拥有一切。一个朋友辞职后叫他一起创业,他思前想后,害怕风险,担心失败,又一次放弃了。

时间一晃而过,几十年间他遇到过很多机会,每一次都因为拖延而葬送了。80岁,行将寿终正寝之时,回首往昔,满是遗憾。30岁娶了不爱的人为妻,在工厂一直干到退休,一辈子也没有为哪怕一个梦想勇敢行动过。

临死之前,他才意识到行动的重要,并告诉自己的孩子,千万不要像他一样。

这个人就是你,也是我,代表了所有拖延者。如果不立刻做出改变,我们的结局将会跟他一样可悲。

世界上任何成功的人,任何成功的企业,都非常看重立即行动的习惯,这是最基本的成功准则。直至今日,沃尔玛创始人山姆·沃尔顿提出的"日落原则"(Sundown Rule)仍然指引着其员工日清日结。"日落原则"指的是,今日的工作必须在今日日落之前完成,对顾客的要求必须在当天予以满足,做到日清日结、绝不延迟,不管要求是来自小乡镇的普通顾客,还是来自繁华商业区的阔佬。

山姆·沃尔顿说过:"你今天能够完成的工作为什么要拖到明天呢?"

这就是高效能人士思考问题的方式,今天能解决的事情就应该立即行动,绝不拖延。沃尔玛在沃尔顿的带领下,也是这么做的。

当年,在阿肯色州哈里逊沃尔玛商店,药剂师杰夫正在家中休息,接到店里打来的电话,说一位糖尿病患者的胰岛素丢失了。杰夫意识到,糖尿病患者如果没有胰岛素可能会出现生命危险,所以他立即赶到店里打开药房,为这位顾客重开了胰岛素。

像这样的案例在沃尔玛非常常见,每一位员工都遵循着公司的日落原则,无论大小事,能解决的,绝不拖延。

立即行动的能力需要很强的执行力,如果你看过《把信送给加西亚》中的上尉罗文,就会感受到什么才叫真正的执行力。

当罗文接过美国总统的信时,他不知道加西亚在哪里,只知道自己唯一要做的事就是进入一个危机四伏的国家并找到这个人。他二话没说,也没有提任何要求,而是接过信,转过身,立即出发。他坚定决心,奋不顾身,排除一切干扰,想尽一切办法,用最快的速度达到了目标。

对于一个拖延症患者来说,养成这样的行动力显然有些难度,不过可以循序渐进,先养成习惯,再提高效率。

习惯养成的关键方法

——拒绝空想，实干成事

想法很重要，但想法带不来成功。一个被执行的普通点子，都要比一个只停留在嘴上的"绝妙计划"强百倍。

——你所担心的、恐惧的，都会被行动打败

开始之前都会有担忧，都会想到失败，这是人之常情。记住我的方法，行动起来，不管结果，大不了一败涂地，从头再来。只要结果你能承受，就勇敢去做，过一段时间再看看，你所担心的、恐惧的，是否依旧存在。

——做好眼前的事情

远大的理想固然重要，但要走到那一步之前，必须先解决掉眼前的问题。今日事今日毕就是不错的方法，要做到永不拖延。

——立即切入正题

一切没有实质意义的寒暄都是浪费时间，大家都很忙，不要耽误彼此的时间。无论在什么情境之下，你都要具备立即切入正题的能力。

——没有任何借口

借口催生犹豫心理，而犹豫导致拖延养成没有借口的习惯，才能练就出超强的执行力。

——没有完美的行动

条件都齐备了，大部分行动也就失去了意义。你要记住，你能做的，别人也可以，在商品同质化严重的今天，谁能做出"第一个"谁就是市场的赢家。所以，不要等到万事俱备才开始，完美才是拖延的真凶。

——拒绝"来不及"心态

永远没有太晚的开始,任何"来不及"都是拖延者的借口,行动的意义与效果,只有在过程中才能看到。

"养成立即行动的好习惯,才会站在时代潮流的前列,而另一些人的习惯是一直拖延,直到时代超越了他们,结果就被甩到后面去了。"——阿莫斯·劳伦斯

方法2:事前准备让成功概率大增

完美的计划如果得不到有效的执行,一样会造成拖延。然而这并不代表做计划没有用,如果没有计划,盲目执行只会导致效率低下,更容易让人感到挫败,从而拖延任务;相反,事前准备,完成任务的概率就会大增。

善于做计划的人效率都很高,缜密的计划实际上是有助于行动的。当你为每一件事安排好具体时间时,就会下意识地按照计划执行。而没有计划的人,缺少明确目标,想到什么做什么,在混乱无序的状态下,很容易浪费时间,白忙活一阵而看不到效果,最终就会因为失败感而开始拖延。

所以,有经验的人往往会事先做好准备再出发,高效能人士则会在工作之前做好详细的计划。只有那些缺乏经验的人,才会背着空枪出门打猎。

曾经有一个年轻的猎人,带着充足的弹药与一把空枪出去打猎。老猎手都劝他先把弹药装上,可他却嘲笑人家,认为他们太磨叨。

年轻的猎手上路了,他确实在行动上领先了,而且走得也快。他认为,如果先到达森林,没有其他竞争者,肯定会有更多的机会。

令他没想到的是，刚走了不久，就看到一群野鸭，要知道平时野鸭是很少出现在这里的，今天的运气真是很不错。匆忙之下，猎人赶紧装弹药，可是越着急越装不上，结果只听野鸭一声鸣叫都飞走了。

年轻人气急败坏，不过他接着往森林深处走，认为有的是机会，更好的猎物还在后面。谁知刚走几步，一声霹雳，天空下起了倾盆大雨，年轻人傻眼了，他知道今天的狩猎计划泡汤了。

他一边往回走一边懊恼不已，如果出门前装好弹药，自己至少可以带着几只野鸭回去。

年轻猎手的问题正是很多人都有的毛病，缺少计划，盲目行动，而且很懒。很多人不愿做计划的原因，第一是觉得没用，第二是懒得做。

一般人自控力都不强，为了确保顺利完成任务，最好的方法就是制订计划表，这也是时间管理最重要的方法之一。一份进度计划表，就可以起到监督的作用，时刻提醒自己不能拖延！

制订计划表不是难事，后面我们会有详细的章节进行介绍，只需结合 APP 将自己的任务以及完成时间写上就可以。最难的部分在于贯彻执行，拖延症患者一定很清楚，很多计划都会因为各种琐事被打乱。

小唐就是一位拖延症患者，好在他清醒地认识到这一点，所以开始任务之前都会提前做计划。小唐是一位大学生，平时不喜欢运动，为了应付每学期的体能测试，特意制订了慢跑计划。计划很详细，每天早晚都围着操场跑两圈。

最初的几天，虽然只能跑一圈走一圈，但是勉强执行了计划。从第四天开始，小唐已经感到疲惫了，而且前一天刚下过雨，气温骤降，实在不愿意早起，索性偷懒一天。结果，他只是晚上跑了两圈。

第五天，小唐觉得早上起床真的太费劲了，于是将计划改为只在晚间执行。在接下来的一周内，两天被同学叫去喝酒，两天陪女朋友，一天下雨。也就是说，只有两天按计划进行了夜跑。

再往后，情形都差不多，总会有各种各样的情况打乱他的计划，而且每一次理由都很"正当"。小唐发现他的计划表没有起到作用，排得满满当当的任务，最终拖延率超过70%。

小唐的问题也是大多数人的问题。实际上他已经比很多人强了，知道事前做计划，可就是执行力不够，无法顺利执行。这种情况没有太好的解决方法，其他手段都是辅助作用，关键还要靠个人的意志力。当然也可以借助于计划管理类的APP，时刻提醒自己。

关于做计划的几点注意事项。

❖ 二八法则

将80%的精力，用来处理20%最重要、最紧急的任务。

❖ 要事第一

这是斯蒂芬·柯维的理念，他认为要将时间用来做重要的事情。在做计划的时候，也可以遵循该原则。你不必把什么事情都写进计划，但是重要的事情必须记录。

❖ 日程明细

制作日程明细最好结合APP，手机是现代人的必备品，可以说与人们形影不离。APP有任务提醒功能，这一点很关键，能够督促你执行计划。

❖ 可行性

导致计划无法被顺利执行很关键的一点就是不可执行，任务太难，没有能力实现，等于浪费了时间。所以，做计划之前一定要想清楚，是否在能力范围之内，可行性究竟有多大。

❖ 时间限制

每项任务都要有时间限制，例如，写文案30分钟，写报告30分钟。没有时间限制，就会导致低效率，从而造成拖延。

方法3：提前完成任务确保万无一失

凡事提前完成是一种治疗拖延症的好习惯，如果你觉得自己的效率比较低，或者有拖延的习惯，那么在做事之前，最好预留出时间，且比计划提前一点。这种习惯是为了确保按时完成任务，毕竟现在大家都很忙，很可能因为突如其来的变故影响进度，而养成提前完成任务的习惯能够有效避免拖延的行为。

实际上，你只需要养成提前5分钟完成任务的习惯就够了。千万不要小看这5分钟，你会发生神奇的改变。

——上班早到5分钟

——做事提前5分钟

——开会早到5分钟

——入场提前5分钟

——约会提前5分钟

……

短短5分钟，就会让你超越很多人。如今的职场竞争可谓惨烈，人才济济，如何才能脱颖而出？你的能力不会是最强的，你的经验不会是最丰富的，你的人脉不会是最广的，你的智商肯定也不会是最高的……

你会发现，你在很多方面都没有优势，甚至缺少竞争力。这是你控制不了的，提高也需要时日，但是你能做到的，是你的态度、你的习惯。提前5分钟，你就已经赢了很多人。

心理学家指出，提前5分钟，可以获得心理优势。例如约会，你比对方提前5分钟到场，对方会因为来晚了而感到愧疚，这种愧疚感对你来说是十分有利的。

除此之外，提前5分钟到场，你就有时间熟悉环境、做好准备，这样在交谈过程中也会更加自信，从而占据主动权。

早在十几年前，那时银行员工还没有饱和，很多职高、中专毕业的学生会被分配到银行担任柜员工作。随着人数越来越多，银行已经不需要这么多员工了。但是因为制度的关系，银行还是会到学校招人，只不过大部分人实习期结束之后都不会被留下。

某商业银行有一个案例，他们招了20名实习生，最后只留下一个人。这个人并没有什么特别之处，只不过相貌还不错，但相貌在他之上的至少还有7~8人。

为什么单独留下他？就因为态度。这个学生对工作很积极，他有一个习惯，就是每天提前来到单位。

银行员工一般是8点到单位开始准备工作，9点正式开门营业。实习期的学生完全不必来这么早，因为他们除了收拾屋子，的确无事可做，每天也只是跟在老柜员旁边看，半年之后才能正式接柜。

那个学生住的地方离单位很远，大约一个半小时的车程。主任曾经跟他说过，9点钟到就可以，因为主任很清楚，这些孩子可能没人能留下来，毕竟现有人员已经很多了。可是这个学生每天都会提前来，做一些力所能及的事，就这样坚持了半年。

实习期结束，不出所料，所有人都没能留下，只有他被破格录用。

银行柜员并不是一项多么复杂的工作，属于最基层的工作，但是在众多行业之中，薪水却是比较高的。如今，当年这个学生已经晋升为主任，年薪 20 万元。他就是我的同学之一。

那么你告诉我，提前 5 分钟到底有什么作用？

提前 5 分钟是一种态度，更是一种习惯。凡事提前一点没有坏处，毕竟临时抱佛脚出错的概率很大。反面案例比比皆是，很多人因为来不及错过了工作，之后又因为错过而不愿行动，这就是拖延的开始。

Selina 就是一位拖延症患者，她是广告公司的文案，没有做计划的习惯。由于能力不错，而且非常自信，她经常在最后期限之前才开始工作，并很享受这种方式。大部分时候她都能很好地完成任务，也因此被夸赞效率高。然而，这也让她养成了拖延的习惯。直到有一次，老板需要一篇重要文案去谈项目，即便 Selina 知道这个项目的重要性，但是依旧像之前一样，并没有给自己留出修改时间。

没想到，这一次文案被打回来了，而且老板很不满意，整个思路都不对。实际上，Selina 的文案问题并不大，老板只是匆匆看了一遍，觉得有问题就返回去了，只要调整一下大方向，换一种说法就可以。然而，Selina 没有提前完成任务的习惯，没给自己留时间的作风，导致该项目初次洽谈失败，这也让她被狠狠骂了一顿。

Selina 觉得十分委屈，完全是因为老板没有看懂，但是她并没有给自己留出解释的时间，最终导致此次项目失败。Selina 越想越委屈，索性辞职了。

提前完成任务，留出富余时间，这是一种习惯，能让你有机会做出改变。成功者并非聪明绝顶，有时候仅仅因为他们拥有良好的习惯，当所有好习惯加在一起时，就会出现效果。

拿破仑曾经说过："在每一次危机中，一些细节往往决定着全局。"凡事提前 5 分钟完成，相信你会看到改变。

【APP自疗神器】每天一个好习惯

通过 APP 治疗拖延症，是本书的独到之处。需要强调的是，这不是万能良药，真正改变拖延症还要从心理上治根，其他都是辅助疗法。手机是现代人离不开的工具，对于很多工作来说，一部手机可以协助完成很多重要任务，而 APP 疗法则非常适合治疗拖延症。

本节要介绍的是一款名为"种子习惯"的软件，是一款培养好习惯的 APP。通过培养好习惯，完全可以有效治疗拖延症。

首先，进入"种子习惯"的首页：http://www.idothing.com/。

页面非常简洁，下翻至第二页，就可以找到二维码，扫码即可下载。

种子习惯提供 iOS、Android 两个版本下载，我用的是 Android 版本。扫描二维码之后，进入下载界面。

43万次的下载量,在习惯养成类的APP中应该算比较高的,用起来非常不错。

不用注册,直接登录,非常简便,我用的是微信登录。

确认登录之后,就可以进入主界面了。

点击右上角的 + 按钮,就可以添加习惯了。因为本节是以治疗拖延症为主,所以在添加习惯时,要选择适合自己的相关内容。

APP 设计者提供了很多种习惯选项，没有计划的人可以根据这些热门选项进行选择。

针对拖延症以及个人特点，我选择的是"早起""拖延症""每天运动""番茄时间""为明日设定合理计划""战胜懒惰"这几项。还有一些习惯，如果在热门栏目找不到，可以去其他栏目寻找，或者是自己搜索。

热门　　健康　　运动　　学习　　效率　　思考

添加习惯之后，会紧接着进入习惯设置界面，建议【设置提醒】和【设置私密】两项都选，可以督促自己坚持下去。

此外,点击【早起】一栏,可以看到右上角有一个奖杯标志 。

点击之后进入"达人榜"。

这是很有意思的设计，没有竞争就会让人们产生惰性，积极性也会大幅下降。微信运动里面也有排行榜，记录每天走路的步数，很多人都在玩。尤其是跟好友比赛，其乐无穷，相互监督，相互激励，能够起到很好的作用。

虽然这款 APP 的好友都是陌生人，但是同样可以起到激励作用。此外还可以通过 APP 交友，让你认识很多志同道合的朋友。

例如，点击【早起】一栏，里面有个用户"白夜不死妖。"，你可以看到他的动态。

点击底下的会话图标 ◎，你就可以进入聊天窗口与对方随意交流了。

很多人通过【种子习惯】，不仅养成了好习惯，还认识了很

多志同道合的朋友，这正是这款 APP 如此火爆的原因。

此外，点击下图中的 图标，你还可以发布自己的状态。

进入【记录一下】的界面，可以将你的状态写出来与大家分享，并配上图片，相当于微信的朋友圈。例如，你在治疗拖延症过程中的心得，配上有趣的图片，能够起到激励他人，同时勉励自己的作用。

点击某个习惯，如【早起】，可以看到有多少人跟你一样在坚持。点击 按钮，你就成为其中一员了。

这些人不一定都是为了治疗拖延症，但是可想而知，相当一部分人都有拖延症倾向。毕竟赖床主要是因为懒惰，而懒惰是产生拖延症的主要原因之一。

你可以看到有多少志同道合的人，也可以看见他们的状态，比如坚持了多少天，还可以查看排行榜，从而更好地监督自己。

设置叫早时间以及备注，例如每天早上 6:00 起床，并养成习惯，美好的一天从早起开始，你会发现精力更充沛，也会发现有更多时间。

设置好其他细节之后,点击"完成"按钮。

这里有一个"闹钟运行说明"选项,可以设计很多种细节,根据个人手机情况进行设置。

现在很多人习惯闷头干活,不懂分享,既失去了工作乐趣,也丧失了最关键的监督、激励作用。因此,分享功能很重要。

分享到微信、微博等地方,让更多人看到你的努力。来自他人的激励是你坚持下去的动力,相互之间的竞争也可以促使你继续下去,很多人都是在这种激励之下最终养成了好习惯。

下篇 拖延症治疗实践
第6章 拖延是种病，改变习惯才能被治愈

此外还有 这个栏目，可以让你找到很多有趣的内容。

通过以上的操作方式，就可以玩转"种子习惯"这款 APP 了，十分简便哦。不过，你一定要记住使用这款 APP 的目的，选择那些能治愈拖延症的习惯。例如我选的是以下几项。

【早起】为的是改变赖床的习惯,这是治愈拖延的第一步。如果你连按时起床都办不到,说明你的拖延症已经到了晚期,需要一步步抓紧时间治疗。

【番茄时间】这是一种时间管理方法,可以让你学到很多技巧,看看其他人是如何利用番茄钟提高效率的。

【每天运动】考验的是一个人的意志力,运动其实并不难,每天坚持运动则比较困难。现在人们工作都很忙,大部分人只有周末才会运动。因为你需要治疗拖延症,所以务必每天抽出时间进行运动,这样对自己的身体健康也有好处。

【制订计划】有计划的人效率都不会太低,这也是必须养成的习惯之一。

此外,根据自己的需求选择想要培养的习惯,日久天长,当你养成的好习惯越来越多,就一定可以成功改掉拖延的毛病。

第 7 章

重压之下效率低下,怎么办

CHAPTER 7

【测一测】你的心理承受能力有多强?

心理承受能力意味着一个人的抗压能力,我们都知道压力是导致拖延的原因之一。所以,了解自己的抗压能力,增强心理承受能力,也可以治疗拖延症。下面,通过测试了解自己的心理承受能力吧。

1. 你总是觉得自己一无是处吗?

    A. 是   B. 否

2. 你喜欢探索未知,追寻刺激。

    A. 是   B. 否

3. 你对所处团队很满意,与每个人关系融洽。

    A. 是   B. 否

4. 你惧怕有难度的任务,总觉得做不好。

    A. 是   B. 否

5. 逆境时，你能够保持乐观情绪吗？

    A. 是　B. 否

6. 你是否认为自己很重要，家人、团队都需要你？

    A. 是　B. 否

7. 如果没有按时起居，第二天就会感到精神不振，实际上你并不困。

    A. 是　B. 否

8. 你讨厌恐怖片吗？

    A. 是　B. 否

9. 无论在工作还是生活中，你总是觉得很累吗？

    A. 是　B. 否

10. 你心里的秘密是否有倾诉的对象？

    A. 是　B. 否

11. 工作或生活一旦出现波动，你就会感到束手无策、情绪沮丧。

    A. 是　B. 否

12. 你认为自己足够健壮吗？

    A. 是　B. 否

13. 你不愿与意见不合的人交往，因为你会感到尴尬。

    A. 是　B. 否

14. 你对未来有信心吗？

    A. 是　B. 否

15. 你有一个温馨和睦的家庭吗？

    A. 是　B. 否

16. 你在公众面前发言总是感到紧张吗？

    A. 是　B. 否

17. 你来到陌生环境会感到不适吗？

A. 是　B. 否

18. 你总是可以积极面对困难，相信很快可以解决问题。

   A. 是　B. 否

19. 你遭受打击后长时间缓不过劲儿来。

   A. 是　B. 否

20. 当你与他人发生不愉快时，总是想逃。

   A. 是　B. 否

21. 你是否经常进行运动？

   A. 是　B. 否

22. 你觉得自己有些神经衰弱吗？

   A. 是　B. 否

23. 你总是认为其他人都不喜欢你。

   A. 是　B. 否

24. 你的食欲会受到心情好坏的影响。

   A. 是　B. 否

25. 生活中，让你害怕的事情特别多。

   A. 是　B. 否

26. 你的毅力很强，能够长时间坚持做一件事。

   A. 是　B. 否

27. 你喜欢与人交流，喜欢主动交朋友。

   A. 是　B. 否

28. 你有心事的时候，很难入睡。

   A. 是　B. 否

29. 你认为自己是一个懦弱的人。

   A. 是　B. 否

30. 你总觉得别人会误会你。

　　A. 是　B. 否

计分标准：

　　1、4、7、8、9、11、13、16、17、19、20、22、23、24、25、28、29、30，以上题目选"是"不得分，选"否"得1分。

　　2、3、5、6、10、12、14、15、18、21、26、27，以上题目选"是"得1分，选"否"不得分。

测试结果：

　　分数越高，说明心理承受能力越强。反之，分数越低，说明心理承受能力越差。如果你的分数过低，那么则需要引起重视，因为心理承受能力太差，抗压能力就差，很容易导致拖延行为。

社会现象：重压之下行动迟缓

　　人们在压力之下会出现习惯性拖延的现象，总担心做不完、做不好，索性推迟行动，因为不行动就不会失败。

　　有些人在压力之下会产生动力，而有些人则恰恰相反，压力越大越不愿行动。小孙在朝阳区某处租了一间房子作为工作室，雇了两名员工。他不喜欢与人打交道，因为这样会让他感到压力。

　　他的房东住在三楼，而他住在六楼，他每天上下楼都会小心翼翼，就是不想遇见房东，因为他觉得打招呼很尴尬。

房东把电卡攥在手里，因为怕租户弄丢了。而小孙为了避免与房东打交道，每一次买电都会让员工去。电卡每次只剩下 20 个字时会提醒，有一次小孙看到电表数所剩无几，但因为忙就没当回事。然而到周末就只剩下 5 个字了，他又不能因为这个把员工叫来，但是一想到去找房东就感觉压力很大，于是一直磨磨叽叽该怎样沟通。

就这样，最后 5 个字也用完了。可他还是没有行动起来，因为已经晚上 9 点多了。他安慰自己"明天再说吧"，今晚正好早点睡。结果习惯了凌晨睡觉的他，根本就睡不着。

终于熬到了周日早上，他在家思来想去，还是不愿意下楼找房东买电。但手里的活儿还没有处理完，无奈之下他便拿着笔记本电脑，找了一家咖啡馆待了一整天，直到周一上班才让员工去买电。

小孙这是明显的拖延症，人际交往带来的压力让他迟迟不愿行动，这种现象很普遍。人们在压力之下会感到不舒服，为了避免这种消极体验，就会出现条件反射性的躲避。

这里介绍一个名词"压力情境"，指的是当处于某一固定情境之下就会感受到压力。正如每个人都有弱点一样，每个人也都会产生压力情境，在这样的情境之下就会感到不舒服，继而产生压力。能否自如面对压力情境，则决定了是否会出现拖延的现象。

每个人都有各自的压力情境，有人害怕在公众场合发言，有人不喜欢与陌生人打交道，有人不喜欢聚会……所以，当他们处于这种情境之下，就会感到不舒服，继而产生压力。一旦压力过大，就会导致拖延行为的出现。

如何解决？

直面压力！

在这种情况下，最直接的解决方法就是直面压力，越是不喜欢的情境，就越要勇敢面对。可以故意置身于这样的环境，每次提高一点点，练习与不喜欢的环境、不喜欢的人和谐相处，直至不再感到压力为止。

例如，有人在公开场合发言会感到不适、感到压力，那么就会故意逃避。如果你想解决问题，就要多加练习，比如在人多的时候主动发言。最开始可能会丑态百出，但要做好心理准备，尤其是遇到嘲笑不必过于在意；否则，一旦心理承受不住，就会开始逃避，也就很难真正解决拖延的问题。

即使你不喜欢与陌生人打交道，在与不熟悉的人相处时也应该积极面对，你先参与进来，可以不说话，只是倾听，等着别人主动问你。当你习惯了这种环境之后，就一定会想要主动表达；当你逐渐被认可之后，也会喜欢上这种感觉。一次次被陌生人接受、认可甚至是崇敬，会让你更愿意与陌生人交往，从而彻底解决问题。

因此，当你在压力之下行动迟缓时，不要逃避，而要分析原因，找到相应的压力情境，之后找出适合自己的解决方法。只要不断练习、反复尝试，相信很快就会得出经验，找出一套面对压力的方法。

在压力之下行动迟缓是一种普遍现象，然而很多人至今还未解决的原因就在于缺少思考，没有主动寻求解决问题的方法，而是习惯性地选择逃避。越是逃避，拖延现象就越严重。要想治好拖延症，就必须直面问题，因为逃是逃不掉的。

下篇　拖延症治疗实践
第 7 章　重压之下效率低下，怎么办

方法1：一次只担心一件事

"改变世界的程序员"杰克·多西（Jack Dorsey）先后是 Twitter 和移动支付公司 Square 的创始人，他非常看重专注的能力。他经常用一整天的时间来开会，上午在 Twitter 开会 5 小时，下午在 Square 开会 5 小时。

期间，所有与会人员必须关掉电子设备。杰克解释说，之所以开这么久的会议，是为了充分利用整块时间，把一周甚至一个月的工作计划布置下去，以免日后断断续续开会，影响到工作效率。杰克·多西的时间管理方法概括起来就是"专注"。

很多人在压力之下就会手忙脚乱，突然间感到待处理的任务一下子都蹿出来了，不知道该忙什么。于是这件事做一点，那件事忙一阵，结果哪件事都没能完成，时间就这样被浪费掉了。

"二战"期间，盟军一位工作人员杰特负责收发邮件，看似轻松的任务，实际上并不简单，他要整理战事过程中死伤者以及失踪者的名单。

在残酷的战争中,每天都会有大量的伤亡报告,可想而知杰特的工作量有多大。但他深知这些人远在家乡的亲人正在焦急地等待消息,即便是他们的孩子阵亡或失踪,也有责任第一时间告诉他们。

当然,杰特必须十分谨慎,不能出现一点差错。在巨大的压力之下,杰特感到身心俱疲,他觉得自己根本忙不过来,虽然只是统计名单,但是既要掌握失踪人员情况,又要统计伤亡人员,最后还要整理阵亡者名单。他感到分身乏术,越想做好压力越大。

他开始出现拖延现象,上级也注意到了这一情况,于是不断施压。杰特终于顶不住了,患了结肠痉挛症。

杰特身心俱疲,既担心完不成工作,又担心身体吃不消无法撑到战争结束,整个人越来越消瘦,最终也成了一名"伤员"住进了医院。

医生在检查之后,发现杰特身体并无大碍,于是询问了他一些具体情况。在详细了解之后,医生告诉杰特,他的身体并没有大问题,只不过是有些疲劳,关键问题出在了心理上。

医生并没有直接点出杰特的病因,而是举了一个例子。

我们的生命就像一个沙漏,沙漏的上半部分有成千上万的沙粒等待穿过中间的那条细缝,因而速度缓慢。

你有什么办法让它们快速通过吗?

打破它?

对。除此之外,我们别无他法。假设我们每个人都是一个沙漏,每天的工作就是这些沙粒,或许我们可以通过晃动稍稍加快沙粒的流动速度,但最终这些任务还是要一件一件做,我们能够做的只是挑选出其中最重要的事情先完成。

我的意思你应该猜出来了，我知道当前是非常时期，每个人都很着急，但是事情必须一件一件来，否则精神就会承受不住。你的问题就是担心的事情太多，想要全部做好，结果压力太大扛不住了。仔细想想，你实际上是在浪费时间，你躺在这里又能完成多少任务？

不要焦虑，一次只担心一件事，回去之后按我说的方法做，有时候按部就班恰恰可以提高效率。

"沙漏哲学"实际上讲的是专注的作用，一次只做一件事，不用考虑其他事情。不用羡慕其他人的多任务处理能力，他可以，你未必行。如果你在压力之下就会手足无措，说明你不具备多任务处理能力，那么你要做的就是专注于一件事。

你要明确自己想要什么

也就是说，你必须确定自己要做什么。找到最重要的那件事，并开始工作。在完成这项任务的过程中，拖延症患者很容易分心，刷微博、看朋友圈、查邮件……这些事将会浪费掉很多时间。

这时，个人意志力就会起作用。在《自控力》一书中讲到了三种力量：

我要做

我不要

我想要

分别以图示形式展示如下。

第一种

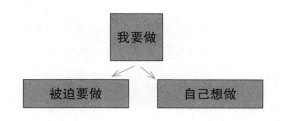

第二种

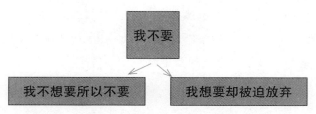

前两种态度的引申含义中都有第三种态度的影子，而自控力所关注的正是第三种态度，即【我想要】。

【我想要】指的是我们要抓住内心的真正需求，并用强大的意志力去完成这个目标，而不被外力所阻碍。

也就是说，确定一个目标，充分调动意志力，完成【我想要】的需求。利用这种简单的方法，就能够"一次做好一件事"。

你需要注意的方面：

——通过训练增强意志力；

——多任务处理看似高效，但是如果运用不好实际效率就会很低，因为每项任务一经切换，思维就会混乱；

——多任务处理容易增加压力，压力越大，拖延的时间就越长；

——一次只做一件事，确定最重要的任务；

——如果你的意志力不强，强制排除外界干扰，例如断开网络；

——利用番茄工作法等时间管理方法；

——工作中遇到的非紧急事项都放进待办事项，稍后处理；

——中途遇到特别紧急的事项可优先处理，但是标记清楚手头任务，以便稍后迅速回到工作状态；

——设置截止日期，一次做好一件事并不代表没有时间限制；

——每天留出专注时段，用来做自己喜欢的事，并坚持练习。

方法2：对抗忧虑

忧虑导致压力，压力造成拖延。把忧虑从脑海中赶走，压力就会相应减少，拖延的行为也会得到改善。

随着工作节奏加快，压力越来越大，很多人都患上了忧虑症，这些人担心的事很多：担心今天的工作无法完成，担心明天的报告做不出来，担心回家之后没人做饭，担心出门后窗户没关……

其实80%都是无谓的忧虑，只有20%才是真正需要担心的事。然而他们却没有认清这一点，将时间浪费在80%的无谓忧虑上，结果真正需要完成的事情却被耽误了。

我认识的很多拖延症患者，都是在忧虑中止步不前。小红，一个90后小姑娘，本应该是无所顾忌的年龄，却有着比同龄人更多的忧虑。

可能是因为小红的家境不好，他们家姐弟三人，她是老大，要操心的事很多，所以忧虑的事也很多。上学的时候，小红就负责照顾两个弟弟，担心他们的学习、生活。从小学开始，她就是班长；到了大学，她成了生活委员，负责组织各种活动，平时需要处理的琐事很多。

上班之后,小红成了主管,因为她要赚钱养家,经常需要处理两三个人才能完成的事情。本就细心的小红工作格外认真,事无巨细,工作强度可想而知。

通过一段时间的观察,发现小红平时需要负责的事情确实很多,但80%都是无效事件或者说不重要的事情,完全可以委托给别人处理。她因为不懂放权,事无巨细,所以压力很大;总是认为别人做不好,都揽到自己身上,结果分身乏术,很多事情都无法完成。

越是做不好,就越是担心。渐渐地,她的忧虑症越来越严重,甚至担心没有完成任务而影响自己的工作。她想到全家人还指望自己,生怕丢掉工作,心理压力就越来越大,拖延行为也因此越来越严重。

当这样的情况持续一段时间之后,小红手头积压的工作越来越多。上级也注意到这一点,跟小红谈了几次,但并没有效果,反而让小红感受到更大的压力。最终她顶不住,选择了离职。

这是一个很典型的案例,在现实生活中很常见,由于忧虑导致压力,继而造成拖延,并且陷入了死循环模式:

如今人们的工作压力非常大,要想达到无忧无虑的状态几乎是不可能的,关键在于如何对抗忧虑,尤其是那些无谓的忧虑。

现代医学之父威廉·奥斯勒爵士年轻的时候,也是一个忧心忡忡的年轻人。那时他对生活、对未来都充满了忧虑,担心期末考试考不好，担心未来该做什么，担心以后去什么地方……总之，他不仅忧虑当下，也对未来充满惶恐。

当下，很多年轻人的状态和当年的威廉·奥斯勒爵士相似，尤其是很多大学生，他们没有目标，对未来感到惶恐不安，结果浪费了最宝贵的四年学习时光。

"最重要的是不要去看远处模糊的事，而要去做手边清楚的事。"

直到威廉·奥斯勒看到一本书，里面写着上面一行字，他的命运才彻底被改变了。此后，这位年轻的医科学生成为当时最著名的医学家，并且创建了闻名全球的约翰·霍普金斯医学院，成为牛津大学医学院的钦定讲座教授。

威廉·奥斯勒爵士对抗忧虑的方法很简单，即处理眼前最清晰的事。很多人都有长远规划，这是一件好事，但实际情况是，未来太遥远以至于模糊不清，80%的长远规划都无法实现。所以现实一点，短期规划更容易实现。眼前的事最清晰，处理最重要的事，你就不会再为那些没必要的事而担心。

这是对抗忧虑的方法之一，除此之外还有很多值得学习的方法。例如，卡耐基讲过一个消除忧虑的万灵公式。

- ❖ 列出可能发生的最坏情况。
- ❖ 如果必须接受的话，请做好准备。
- ❖ 着手改善最坏的情况。

按照上述公式，配合以下方法，卡耐基认为99%的忧虑都将被消除。

- ❖ 写下你所担心的事情。

❖ 写下你的解决方法。

❖ 决定要怎么做。

❖ 立刻执行。

"聪明的人永远不会坐着为自己的损失而悲伤,却会很高兴地去找出办法来弥补创伤。"——莎士比亚

停止忧虑,也就缓解了拖延行为。如果卡耐基的万灵公式不能帮到你,则还有一些细节能够帮到你。

——关注当下;

——制订计划;

——不为琐事烦恼;

——让自己忙起来;

——换个角度看问题;

——找到适合自己的解忧方式;

——计算一下,看看烦恼发生的概率有多少;

——给每一件忧虑的事情设定截止时间;

——绝不为打翻的奶瓶而忧虑。

【APP自疗神器】种一棵小树,专注一段时光

如今,人们在重压之下很容易造成拖延行为,这就要求采用适当的减压方法。五花八门的减压方法没有哪个是最有效的,而只有最适合自己的。本书的特别之处就是通过APP进行自我治疗,效果十分显著。

心理学家表示,压力会导致行为及认知方面出现问题,例如注意力无法集中、工作效率下降、容易疲惫等,而减压的关键则

是专注。

专注于一种适合自己的减压方法,例如绘画、音乐等,然后全身心投入,便能够达到最好的减压效果。

Forest,中文翻译为森林,这是一款非常简单的APP,目的是培养用户的专注力。

Forest最大的好处就是帮助人们提高专注力,尤其是针对手机控一族,也就是离开手机5分钟就活不了的人。这些人有事没事都要点开手机摆弄一番,把每一个社交软件都点击一遍,看看有没有什么消息。他们如果5分钟不刷微博,就会感到十分不自在。

这种人已经患上了严重的手机依赖症,大部分人都很难做到专注,经常因为分心而造成拖延。而Forest正是为这些人设计的,种下一棵树苗之后,在专注时间内如果离开APP,则树苗死掉,任务失败。也就是说,你除了看看任务所剩时间,就再也不需要碰触时间,这会帮助很多人强行提高专注力。

首先,进入Forest官网下载:https://www.forestapp.cc/zh-cn/ii。

单击相应的版本进行下载,例如,用的是安卓手机,单击之后进入下载页面如下。

种下一棵树苗,专注一段时光,有点像 25 分钟一个的番茄钟,

只不过树苗成长时间被设定为 30 分钟。在这段时间里,你可以专注于工作或者是减压的项目。当你受到干扰,离开任务时,小树就会枯萎死掉。

当一棵棵小树苗成长为参天大树,继而变为一整片森林之后,你的专注力就会得到提升,到时便可以回过头来看看减压效果,相信你的心情一定会好很多。

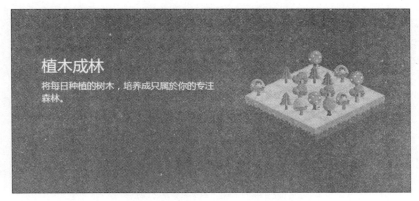

无论在什么场景,都可以使用这款软件保持专注。

下面简单介绍下软件的使用方法。

我从手机第三方软件下载的 Forest，跟官网略有区别。它的界面非常简单，时间则是以 45 分钟作为一个区间。

你只需点击"开始"按钮，便正式计时。在这 45 分钟内，你需要专注于某件事，直到该任务完成，你的小树苗就会变为一棵参天大树，也就意味着你的任务完成了。

每天任务结束的时候，你可以查看统计信息，看看自己在一天之内成功种下了几棵树。

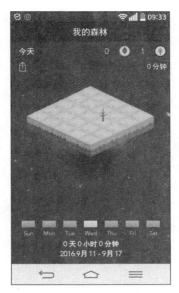

这是一款非常简单实用的 APP，通过练习专注度可达到减压的目的。我是一个容易分心的人，像 Forest、番茄钟这类 APP 对我来说很有效果。我习惯用 Forest 进行减压练习，而番茄钟则用于工作。因为 Forest 的专注时间段较长——45 分钟，适合休闲放松；而番茄钟的专注时间设置为 25 分钟，更适合高效工作。

通常来说，我会利用 Forest 种下一棵小树苗，然后专心听一段音乐，看一本书中的某一章节，看一部美剧。通过这种方式，我的压力会得到很好的缓解。

不过，我认为 45 分钟的放松时间对于忙碌的职场人来说显然太奢侈了，因此最好还是下载一款功能更全面的 Forest，这样就可以自行设定时间了。

第8章

不懂目标管理,你就快不起来

CHAPTER 8

【测一测】你的目标意识有多强?

缺少目标意识的人,工作起来会漫无目的,效率低下,从而养成拖延的习惯。要想治好拖延症,可先测一测你的目标意识有多强,以便更好地了解自我。

心理学家研究发现,有目标的人更容易成功,缺少目标意识的人则行动迟缓,效率低下。懒惰是人性的弱点,没有监督、没有目标,就很容易导致拖延行为。

曾经有教育学专家做过实验,让一个班的小学生阅读一篇课文,但没有规定时间,结果用了8分钟;第二次老师下达了命令,要求他们用5分钟完成课文的阅读,结果全班学生在5分钟之内就全部完成了任务。

目标会产生一定的压力,而适当的压力则会起到激励作用。美国哈佛大学的研究人员为了测试目标与人生绩效的关系,进行了一项长达25年的追踪研究。结果显示，毫无目标的人往往处于社会的最底层；而目标明确的人大都是社会精英，且这类人只占到3%。

因此，培养强烈的目标意识，可以在一定程度上减轻拖延行为。测试一下你的目标意识吧。

1. 你经常会想起自己的目标并积极行动吗？

    A. 是　B. 否

2. 现阶段，你正在为实现目标而努力奋斗吗？

    A. 是　B. 否

3. 未来五年，你有明确的人生规划吗？

    A. 是　B. 否

4. 你经常设定短期目标，并已经实现了一些吗？

    A. 是　B. 否

5. 为了实现目标，你制订了明确的行动计划吗？

    A. 是　B. 否

6. 你习惯制订工作计划表吗？

    A. 是　B. 否

7. 你的执行力很强吗？

    A. 是　B. 否

8. 你是否拥有坚强的意志，不达目的誓不罢休？

    A. 是　B. 否

9. 面对挫折，你总是能够及时调整吗？

    A. 是　B. 否

10. 你能够很好地总结失败的教训吗？

    A. 是　B. 否

11. 在实现目标的过程中，你总是得到很多朋友的帮助吗？

　　A. 是　B. 否

12. 你是一个坚定执着的人吗？

　　A. 是　B. 否

13. 你总是充满信心吗？

　　A. 是　B. 否

14. 你有没有崇拜的人，是否清晰地知道未来想要成为怎样的人？

　　A. 是　B. 否

15. 你是否善于与他人进行合作？

　　A. 是　B. 否

16. 无论工作还是生活，你都具备良好的习惯吗？

　　A. 是　B. 否

17. 你有强烈的时间观念吗？

　　A. 是　B. 否

18. 你是否会及时修正目标？

　　A. 是　B. 否

计分标准：

　　选"是"得1分，选"否"不得分。

测试结果：

　　0～6分：你的目标意识并不强，缺乏进取心，对待工作消极，因此效率低下，拖延行为明显。如无意外，你一直从事最底层的工作，并且没有意愿改变现状。

　　7～12分：像大多数人一样，你的目标感适中，效率中等偏上，偶尔有拖延行为。如果你想继续提高效率，则需要制定更严苛的目标。

13～18分：你是一个拥有明确目标的人，行动力极强，几乎没有拖延行为。在完成一个个目标之后，你会有一种成就感，并设定新的目标，以继续努力。

社会现象：缺少目标的人，做事快不起来

绝大多数平庸之辈不是因为笨，而是因为缺少目标。试想：一个都不知道要去哪里的人，还有什么必要走那么快？

没有目的地的人都在闲逛，边走边琢磨到底要去哪儿。这样的人走不快，也没必要走得太快，因为太快到达终点，一旦发现走错只会是南辕北辙。

没有方向感的人是迷茫的，没有目标的人生是乏味的，这些人每天都在以混日子的心态处世，并自我安慰说这是及时行乐、享受当下。拖延的根儿正是在这种思想中萌芽、生长的，最终成了习惯。

这类人做事快不起来，因为他们就不想快起来。工作中如果没人监督，永远无法按时完成。这些对这样的状态很满意，对平庸甚至窘迫的生活也毫不在意，因而不属于本书的治愈读者。当然还有一些人意识到自己的问题，却始终无法改变。

L自从上大学开始就意识到自己的拖延问题，对什么事都提不起兴趣，也没有任何目标。大二那年，他突然意识到问题的严

重性，于是试图改变，为自己设定了一大堆目标，结果没有动力支撑，一个都无法完成。

L根本无法专注于一个目标，似乎除了目标，任何事都可以让他分心。玩手游、刷朋友圈、看网络小说、发帖子，就是不想做与目标有关系的事。

L为此咨询过心理专家，表示自己十分困惑，没有目标的时候，不知道该干什么，做事快不起来。但是现在有了目标，却发现问题依旧，还是快不起来。

心理咨询师了解完L的情况之后，发现他的目标不切实际，虽然有心改变，却不得其法，因而无法改善他的拖延行为。

例如，一块一米宽、十米长的木板，放在地上，所有人都能轻松走过去。这就是设定简单目标的好处，不但容易实现，还能提升信心与效率。如果将这块木板架到两座摩天大楼之间，几乎没有几个人可以走过去，因为一旦掉下来就会一命呜呼。对于没有经过专业训练的人来说，这样的目标显然不切实际，只会让自己因为害怕失败而止足不前。

也就是说，无论是没有目标，还是目标不切实际，都可能造成拖延行为，而这两种现象又是非常普遍的。

针对这种情况，学习如何设定合理的目标便可以解决50%的问题，剩下50%的问题则要靠行动力。

在制定目标的过程中，最简便的方法就是采用管理大师彼得·德鲁克提出的SMART原则，具体包括五项。

> 具体的（Specific）
> 可衡量的（Measurable）

- 可实现的（Attainable）
- 有相关性的（Relevant）
- 有时限的（Time-bound）

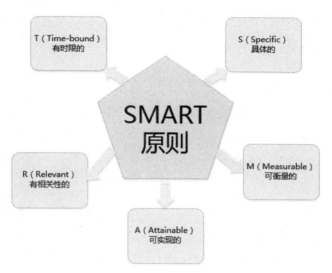

我们来看一个故事。

曾经有三组人，分别向 10 千米外的三个村庄前进。

第一组的人不知道村庄名字，不知道路程远近，只被告知跟着向导走即可。

第二组的人知道村庄名字，知道路程多远，但是路边没有里程碑，无法衡量。

第三组的人知道村庄名字，知道路程远近，同时每走一公里都会看到里程碑。

根据上述信息，你觉得哪一组会最先到达目的地？

第三组！

因为第三组的人有明确的目标，知道总体路程，而且还清楚距离目的地有多远，因而可以调整前进速度。他们的目标完全遵循 SMART 原则，清晰、可衡量、可实现，所以很容易应对行程中的困难并战胜它们，迅速到达目的地。

解决完目标设定的问题，第二个问题就要考虑执行力。清代文学家彭端淑在《为学》一文中讲到一个故事。

一个穷和尚对富和尚说自己想去南海，富和尚惊讶地说："咱们在四川，离南海好几千里，你怎么去？"

穷和尚答："我靠着一个水瓶和一个饭钵就够了。"

富和尚说："不可能，我一直想雇船去南海，都没能成行。你仅靠走怎么可能？"

第二年，穷和尚从南海回来了，并告知富和尚。富和尚惊讶不已，面露愧色。

这个故事告诉我们，没有行动，再远大的目标也无法实现。

没有目标的人与缺少行动力的人，构成了社会上拖延症群体的主力军，前者根本没有方向，后者有目标没有执行力，最多也只能半途而废。这两类人都无法获得成功，所以学着设定目标，并提高执行力，将会有效改善拖延行为。而这两点通过 APP 都可以轻松做到，至少能够起到辅助作用，我们在后面将会介绍。

方法1：把事做完再放松

习惯性分心与习惯性放松，都是拖延症患者的特点。事情没做完就放松了，结果再也紧张不起来，最后导致任务拖延或者干脆没做完。

很多人做事缺乏完整性，半途而废的案例非常多，除了意志力不强之外，做事方法也有问题。这些人往往养成了拖延的恶习，在任务进行的最初阶段，总会被各种事情干扰造成分心，影响了任务的完成进度。眼看任务无法如期完成，一些人开始出现压力，拖延的情况更为严重，最终很可能半途而废。

还有一类人，任务进行得比较顺利，但到尾声阶段就会出现习惯性放松的情况。因为他们认为，胜利在即，可以松弛下来了。这种情况在足球比赛中很常见，就在2018年世界杯预选赛上，韩国队三球领先中国队，结果全队习惯性放松，导致中国追上了两球，险些被扳平。

执行一项任务，如果半途放松下来，要想再次紧张起来，迅速进入状态就不容易了。这需要更多的时间，很容易造成拖延。

Linda是一位大学生，和很多学生一样饱受拖延症困扰。她并非能力差，而是属于后半程习惯性放松的类型。就拿写论文这件事来说，前半程她总是很认真，写到最后就开始放松了，有时候只剩下几千字，她竟然要拖一个星期。这是因为她半途放松，回不到之前的写作状态了。

Linda对此不以为然，因为跟绝大多数同学比起来，她的速度已经算是相当快了。当其他人还在拖延的时候，她基本上可以把任务做完一大半，看到后面没有追赶者，她就会洋洋得意，放下手头的任务去做其他事情。快到截止时间的时候再继续干时，由于抗压能力不强，一着急什么都做不好了。结果，要么是拼凑完成任务，毫无质量可言，大部分都因为不合格被打回来；要么是直接放弃不做了。

Linda 是学计算机的，曾经应出版社要求写一本书。在其他同学看来，这是一件很神奇的事，Linda 也非常骄傲。最开始，编辑每周都会监督她，后期因为太忙就没有理会。结果 Linda 因为拖延一直没有写完。这次编辑真的不催了，因为过了时效性，出版价值已经不大了，Linda 非常失望。

像 Linda 这种情况比较普遍，这类人往往能力不错，拖延完全是因为自大，缺乏持久性。针对这种情况，可以结合时间管理方面的 APP，为每一项任务制定完成时间，以督促自己。

Deadline 就是不错的方法，对于意志力不强的人来说，它可以带来适度的压力，时刻提醒他们任务进度。可以通过 APP 的方式，也可以通过制作表格的方式，或者有些人喜欢采用手账的方式，这些辅助方式都能够起到一定的作用。

任务	最后期限	理由
夜里3点必须爬起来看欧洲杯决赛	闹铃设定在凌晨2:50，重复响铃加震动	作为一个球迷，再困也要爬起来看欧洲杯决赛，即便明天还要上班
今天必须完成剧本初步构思	下班之前	剧本构思已经拖了一星期，再不写完肯定该挨批了
给老板的PPT该交了	周三下班之前必须完成，否则不吃饭	老板要的PPT可不能耽误了，这是表现自己的好机会
再不减肥就疯了，今天开始跑步	每天晚饭之后必须跑步	我要减肥！作为一个胖子，还有什么事比减肥更重要

这是一个简单的表格，相对于 APP 来说，它可记录更多内容，毕竟是用电脑制作。注意：制作表格需要用到四色原则。

蓝色——代表工作，给人一种沉着冷静之感，这也是工作时最需要的特质。

绿色——代表私事，看上去让人感到轻松，有休闲的象征意义，所以休闲事项、娱乐计划都可以用绿色表示，能让人感到舒服。

红色——代表危机，一切紧急事项都可以用红色表示，看到了鲜艳的红色，就意味着有重要的事情需要执行，你会立刻打起精神、提高警觉。

黑色——代表杂事，生活中的一些琐事都可以用黑色来表示。

上面这个表格既然是最后期限，那么事项一栏都要用红字表示，代表十分紧急。后面可以根据个人习惯设置板块，在【最后期限】一栏写上截止时间，时刻提醒自己。另外，我习惯写上具体理由，这样能够带给我奋斗的动力。

对于习惯以手账方式记录的用户来说，也可以在自己喜欢的笔记本上自行设计，如下图所示。

有人说，表格与手账的形式相比于 APP 更加浪费时间。这倒没错，不过每个人的喜好不同，如果强迫他们选择不喜欢的方式，效果反而不好。例如我认识一个女孩，就喜欢做手账，每天没事就会翻翻手账，看看有什么事需要记录、有什么事还没有完成，效率也不差。相反，她对其他方式不感兴趣，即便看到任务没有完成，也不愿意行动起来。

关于 APP 的内容，会在之后详细介绍。

除了 Deadline 的方式外，还有几种重要的方式能够有效防止半途而废的情况。

1.利用奖励机制

通过 APP 设定目标，如果能够按时完成，则给予自己一个奖励。例如按时写完论文，奖励自己一根雪糕；坚持完成一星期的跑步计划，奖励自己一顿大餐。需要注意的是，奖品一定是自己喜欢的东西，否则吸引力会大打折扣。

2.列出关键障碍

列出妨碍你完成任务的关键障碍，找出导致你放松的具体原因，之后给出解决方法。例如后半程习惯性放松，是出于心理原因，那么可以将以往的失败案例列出来，以提醒自己放松需要付出代价。

3.提高处罚成本

为什么有些人平时总是迟到，可上班却很少迟到？因为罚款！钱绝对是好东西，花着很爽,赚着很难。所以，为了避免拖延，可以提高处罚成本，且一定要提高到让自己心疼的地步。例如为了按时健身，你办了一张 3 000 元 30 次的健身卡，一次折合 100 元，而对于你来说这是一笔不小的开支，所以必须坚持去健身。

4.高调宣布

在朋友圈将你的计划公之于众，这样来自朋友的监督会在无形中给自己以压力。为了面子，为了不让别人失望，相信你会坚持把任务做完。

方法2：分解任务

分解任务是目标管理很常见的方法之一，即将一项任务分解为若干个小任务，对治疗拖延行为是很有效的。这一点很容易理解，一项完整的任务给人的感觉比较困难，耗时长且难度大。然而一旦学会拆分任务，每个阶段只需要完成简单的步骤，整个任务就会轻松很多。

很多运动员就是利用这种方式完成比赛的，尤其是那些耗时较长的项目，例如，马拉松、竞走、游泳等。以50千米竞走为例，听上去就让普通人不寒而栗，专业运动员全程下来最快也要4个小时左右，这是对人类毅力的终极挑战。

竞走运动的专业战术我们不清楚，但是如果换作普通人，要想完成这么长距离的项目，如果不想半途而废，最好的方法就是分解目标。将50千米拆分为若干小目标，例如每5公里设为一个阶段，那么你看到的就是10个5千米的目标，心理压力自然就会降低，也更容易实现。

人是需要希望的，这样才能激发出强大的精神力量，从而支撑自己完成艰难的目标。一旦失去希望，即便仅有一步之遥，但因为看不见目标，也会失去精神力量而放弃。

分解任务的目的就是让人们看到完成的希望，过于复杂的任务会让普通人感到毫无头绪，从而萌生怯意，出现拖延行为。

对于拖延症患者来说，处理完整的任务有些难度，我们经常会听到这样的抱怨。

"我一定要通过托福考试，这样就可以出国留学了！"

——"哎，可只剩下半年时间，我连书都没看呢，肯定来不及了。"

"这个暑假不能再混了,我要出去打工赚钱。"

——"可我连做什么都不清楚呢,还是先想好再说吧。"

"该毕业了,我一定要找一份好工作。"

——"可我连简历都没写呢……"

设定目标是最容易的事,可是之后的执行却不容易。拖延症患者总是在重蹈覆辙,设定目标之后,发现无法执行,导致失败;继续设定目标,再失败。循环往复,拖延的情况加重。

这时,就需要通过分解任务让目标更清晰。关于分解任务,有以下几种主要的方法可以参考。

1.利用思维导图分解任务

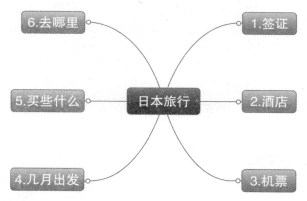

这是荞麦在其著作《高绩效时间管控》一书中的思维导图,主题是"日本旅行"。

如果你不经常自由行,那么对于"日本旅行"这项任务根本无从下手,可能只会想到报团。然而通过思维导图的方式,可以将该任务分解为具体的步骤,结果就如图所示一般清晰可见了。

先去办签证，然后订酒店、订机票、确定出发时间、列出购物清单以及去哪里玩，该任务的思路突然间就清晰了。根据这样的思路一项项细化，你会发现难度减小了很多，从而在很大程度上就可避免拖延现象的发生。

2.剥洋葱法

顾名思义，像剥洋葱一样，层层分解目标。将大目标分解成若干个小目标，再将每一个小目标分解成若干个更小的目标，一直分解下去直到确定当前能够完成的任务。

3.目标多杈树法

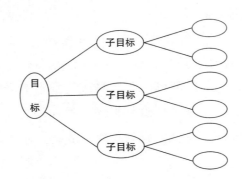

使用该方法，需要进行简单的绘图，树干代表大目标，每一根树枝代表小目标，叶子代表即时目标，即现在就应该去处理的任务。

上图是一个简单的表格，先确定树干——大目标，再确定树枝——子目标，之后是树叶——即时目标。

这个示意图可以无限延续，比如分为第一层树杈，第二层树杈，直到画出所有树叶为止。

上述三种方法是比较常见的任务分解法，我个人比较偏好思维导图的方式，因为它更直观。任务被分解得越详细，行动的意愿就越强烈，难度也越小。

每个人可以视拖延症的程度，决定将目标细化到什么程度，拖延症越严重的人，目标就要做得越细。不要怕麻烦，与最终无法完成相比，无论在细分目标时花费多长时间，只要能完成就是值得的。

【APP自疗神器1】通过奖励与成就感自我激励

在实现目标的过程中，一定要讲究方法。所谓重赏之下必有勇夫，在没有外部激励的情况下，就需要通过自我激励来完成目标。

同样，当一个人有了成就感的时候，就会激发完成目标的欲望。因此，通过APP与自我激励相结合的方式，可以更好地实现目标。

德国人力资源开发专家斯普林格，在其所著的《激励的神话》一书中写道："强烈的自我激励是成功的先决条件。"

美国哈佛大学的威廉·詹姆斯通过研究发现，一个没有受过激励的人，仅能发挥潜能的20%~30%；而当他受到激励时，其潜能可发挥至80%~90%。也就是说，当一个人在受到充分激励的状态下，所发挥的潜能相当于激励前的3～4倍。

在此介绍一款【今目标】的APP，不仅要善于记录目标，关键是结合自我奖励原则，才能高效地实现目标。

进入【今目标】首页：http://www.jingoal.com/index.html。

输入手机号，立即注册。

创建账号成功之后进入系统。

界面有一个简单介绍,快速浏览之后即可开始使用。本节围绕网页版本展开讲述,还有安卓版与 iOS 版本可供下载。

【今目标】的功能比较强大,适合公司管理,在此只用到其中几项简单功能即可。

进入主界面之后,会看到【主线】选项。

为你的目标设置一条主线,这样工作起来思路就会清晰很多,行动起来也会更有章法。单击"查看详情"选项,根据提示设置主线。

单击【主线概述】右边的 ⊕ 按钮之后，会显示更多选项。

根据需求进行设置，单击【任务】选项，在弹出的对话框中输入详细目标。

将任务名称设定为：2016.9.18 工作计划，之后单击右上角的 进入任务 按钮。

此次目标主线就是 2016.9.18 这一天的工作计划。

进入之后显示暂无列表，单击【新建任务】选项进行设置。

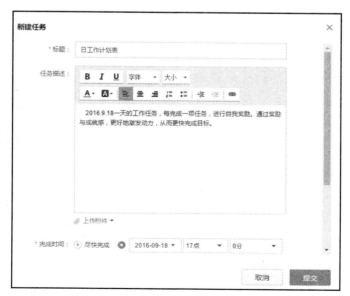

单击【提交】按钮，进入具体任务界面。

单击 添加事件 按钮，将一天的工作计划写进去。这里需要注意一点，当前状态:已延期23小时 当前状态这一栏显示的是已延期 23 小时，实际上是因为拖延症而导致系统在处理昨天的任务。

延期的时间系统是用红字表示的，为的就是提醒用户。既然已经慢了，就要抓紧时间完成目标，现在开始添加事件。

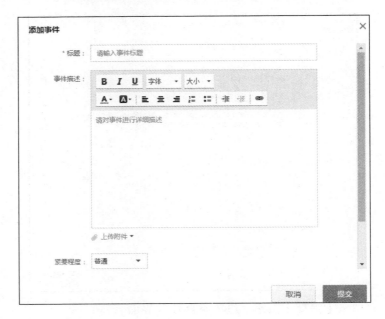

左下角的【紧要程度】选项，采用的是四象限法则，由于有关美国大选的选题策划比较重要，很可能成为畅销书，而且时间紧迫，离11月份的总统揭晓只有两个多月时间，所以标记为"重要且紧急"。

按照上述方法，设置完一天的全部任务。

日工作计划设定完毕之后，就要进行本节的重点——制定奖励原则。只有通过合理的自我激励，才能更快更好地实现目标。

自我激励原则

奖品一定要是自己感兴趣的，否则很难激发动力。

一旦任务完成，要及时兑现奖励。很多人对奖励方式不以为然,有时候会忽视兑现奖品,结果就养成不好的习惯。延期兑换或空头支票都会引发失望感,不利于自我激励。

不要预支奖励。有些人觉得目标一定可以实现,不如事先预支奖品,结果在得到奖品之后就会形成惰性,不利于目标的完成。

目标设定要合理。目标太高或太低,都不利于调动积极性,所以一定要根据自身情况设定合理的目标;

不要层层加码。今天实现了一个小目标,明天变为一个大目标,后天又设定了更大的目标。这种方式虽然有助于快速提高,但不利于养成习惯,而且很快就会感到疲惫,特别是发现很多目标无法完成时,会影响积极性。

这是自我激励的几点原则,在精简之后可以写到任务描述中,以时刻提醒自己。

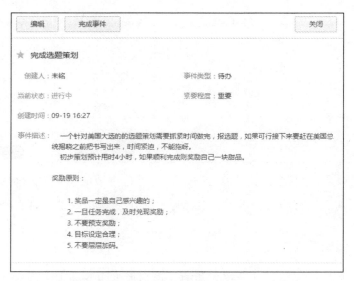

根据以上原则,逐一设置奖励。

1.完成选题策划

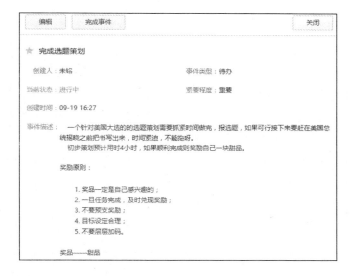

2.完成每日既定写稿任务

3. 对账

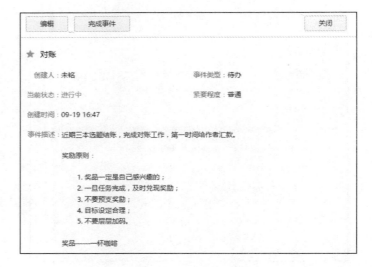

4. 制订明日计划

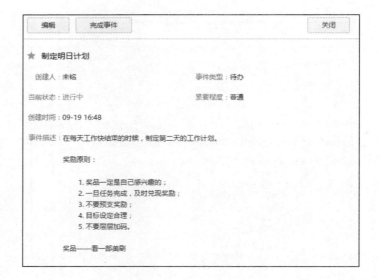

有些人对奖品感兴趣，有些人则更看重成就感。如果你属于后者，可以根据上述方式进行调整。举一个例子：

把成就感写出来，每天的感受是不同的，让自己看到、感受到，就能够起到更好的自我激励作用。

【APP自疗神器2】计划管理这么玩

拖延症患者一般都比较随性，做事没有计划，并且不重视计划。如今，即便是有计划的人，一旦缺少行动力，做事拖延的概率也相当高，更不要说连计划都没有的人。不懂计划管理，就很容易导致拖延。而通过 APP 做计划则可以简化复杂的流程，而且方便随时查看。

在开始介绍 APP 之前，先来讲一讲制订计划的有效方式。据统计，快过年的时候很多人都会制订新年计划，比如在新的一年里实现怎样的目标、达成怎样的成就。然而只有少数人能够完成目标，大部分人都会因为拖延而导致目标无法完成。

Facebook 的创始人扎克伯格是一位计划管理高手，而且他的行动力相当惊人，据说他连续 7 年实现了自己的新年目标。如此出色的执行能力主要得益于计划制订得合理，我们来看看扎克伯格 2009 ~ 2015 年的计划：

- ☐ 2009 年，确保每天打领带上班；
- ☐ 2010 年，学习普通话；
- ☐ 2011 年，成为半个素食者；
- ☐ 2012 年，每天写代码；
- ☐ 2013 年，每天结识一个公司之外的新朋友；
- ☐ 2014 年，每天写一封感谢信；
- ☐ 2015 年，每两周读一本书。

如果你以为这位超级富豪会有多么惊人的计划，那就错了。他之所以可以连续 7 年实现新年计划，原因就是目标简单可实现。而拖延症患者则习惯于制定不切实际的目标，在执行过程中发现太难无法实现，结果要么是放弃，要么是逃避造成拖延。

那么，如何制订有效合理的计划呢？有些方法或原则我们必须知道：

- ➢ 制定目标要简单明确；
- ➢ 一次只专注于一个目标；
- ➢ 可视化你的目标；
- ➢ 为每一个新计划设定试用期；
- ➢ 以终为始的结果激励法；
- ➢ APP 自我监督；
- ➢ 记录提升积极性。

1.制定目标要简单明确

制定目标要简单明确，符合 SMART 原则。之所以很多人的新年目标无法实现，就在于不切实际、异想天开。例如有人想要

"年内结婚""买一套房子""中彩票",这些要么不是目标而是愿望,要么不切实际,总之实现起来非常困难。

定一个小的具体明确的目标,并且完全在个人能力之内,实现的可能性就会大一些。

2.一次只专注于一个目标

多任务处理那是电脑,人脑的能力有限,最好的方法是一次只专注于一个目标,当所有精力聚焦于一个点的时候才更容易实现。

3.可视化你的目标

每天确保自己能看到设定好的计划,例如你希望每天健身1小时,那么就确保回家的时候经过自己办卡的健身房。通过可视化你的目标,能够有效提升行动的意愿。

4.为每一个新计划设定试用期

如果你不是计划管理高手,就不可能让每一次计划都精准无误,那么利用设定试用期的方法,能够考验计划的可行性。如果可行,继续执行;如果不可行,马上调整。

5.以终为始的结果激励法

通过预见最终的结果激励自己,试想计划成功之后你所得到的一切,满足感、成就感将会给你带来更大的动力。

6. APP自我监督

通过计划管理类的 APP 进行自我监督,设置提醒,每天推送。心理学上有一条定律叫作曝光效应,讲的是露脸的次数多了便会增加喜欢程度。目标也是如此，每天被推送一次，见多了就会引起重视，从而提高执行力。

7.记录提升积极性

养成每天记录目标的习惯，可视化数据将有助于提高积极性。可以通过 APP 记录进度，记下点滴改变，以便继续执行任务。

8.奇妙清单做计划

在了解完订计划的原则与方法之后，开始引入 APP 的相关介绍，在此我们选择的是一款奇妙清单的 APP。重申一下，使用哪款 APP 并不是重点，因为同类型的 APP 有很多，本书只是为了多介绍一些 APP，所以尽量不重复。读者可以根据个人喜好，选择一款 APP 进行时间管理。

有些 APP 的功能很强大，本书的大部分方法都能用，所以选择一款功能完整的 APP 进行时间管理会更方便。

奇妙清单就是一款功能强大的时间管理软件，适合制订计划管理。

下面进入官网：https://www.wunderlist.com/zh/。

在此依然使用网页版进行介绍，单击【创建免费账户】。

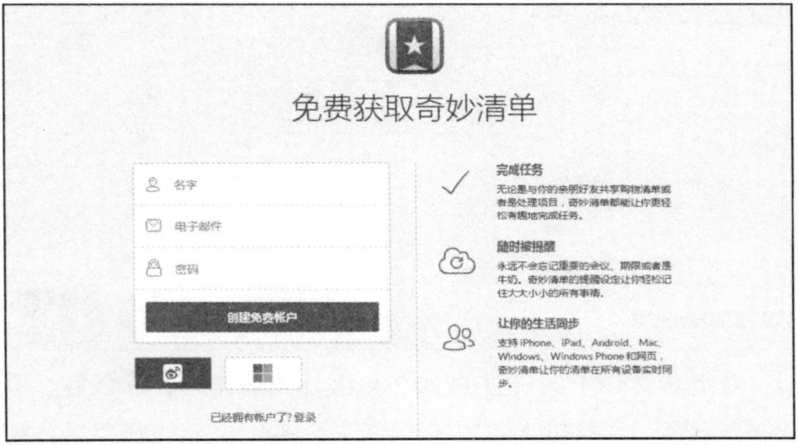

注册之后开始奇妙清单之旅。

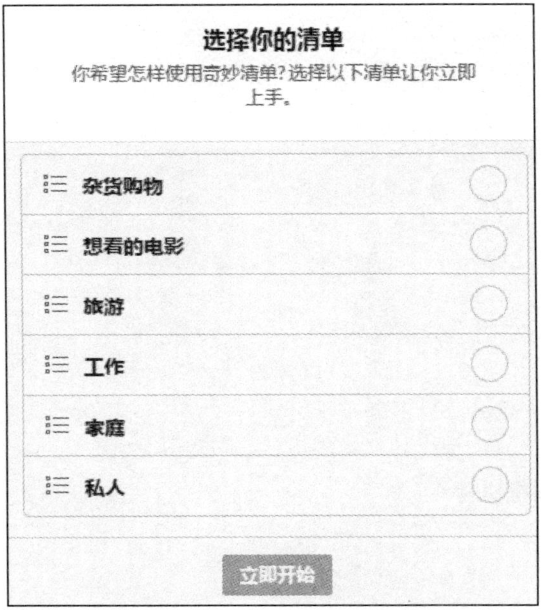

我选择的是【工作】与【私人】两项，进入主界面。

在此依然以上文讲过的 2016.9.18 计划表作为目标任务。单击添加任务，直接输入"2016.9.18 任务清单"，双击任务后右侧出现明细，进行具体设置，添加子任务。

任务明细如下。

通过奇妙清单创建任务很容易,关键要了解具体原则,这才是实现高效的前提。在制订计划时,一定要符合GTD(Get things done,把事情做完)的五项原则:收集、处理、组织、行动、回顾。

下面结合奇妙清单具体进行讲解。

1. 收集

收集一切未完成事项,整理成一张"待办清单"。

2. 处理

由于精力有限,所以要采用二八法则与四象限原则处理紧急且重要的事项,时间允许的话,再去处理其他待办事项。

3.组织

简单的待办事项,例如【对账】,一目了然,直接行动即可。而【制订明日计划】则需要具体思考、组织,否则就会无从下手,进而导致拖延。

4.行动

组织之后,日程如下。

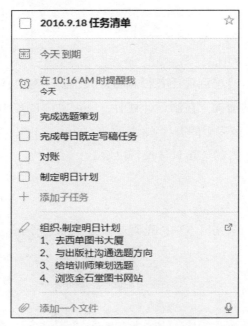

这是第二天的行动计划,为了确保任务执行,可以设置提醒与具体时间,例如:

9:00 出发前往西单图书大厦;

13:30 与出版社主编沟通选题方向;

15:00 培训师想要写书,与他们商量选题方向;

17:00 下班之前浏览台湾图书网站,借鉴一些有新意的内容。

这样任务看上去就十分清楚,从而具体执行起来轻松很多。

5.回顾

下班之前,回顾一天的工作,在奇妙清单上划掉已经完成的任务。

☑ 完成选题策划
☑ 完成每日既定写稿任务
☑ 对账
☑ 制定明日计划

显示已完成任务
2016.9.18任务清单
几秒钟之前

顺利完成任务,第二天重复上述五步,养成习惯后,你的效率就会提升。大脑是用来创新的,所以不要让记录事件耗费你的脑细胞,把这些工作都交给奇妙清单这类时间管理 APP,而你只需拿出手机,随时随地查看即可。

【如果–那么】

哥伦比亚商学院动机学研究中心副主任海蒂·霍尔沃森通过常年的研究,总结出一套【如果–那么】计划,在 200 多项研究案例中,他发现执行【如果–那么】计划者比其他人实现目标的概率高出 300%。

研究表明，人类非常善于解码"如果 x, 那么 y"这类形态信息，并下意识地基于这种关联去指导行为。霍尔沃森认为，当人们决定以确定的时间、地点、方式达成目标时，他们就会在大脑里建立一种关联：在一定的场景或提示（如果/当 x 发生）下，应该伴随一种行为的发生（那么，我就做 y）。

利用该理论可以有效解决拖延症的现象。当【如果-那么】在人们的脑海中形成意识，就会增强人们的责任感，从而自我督促完成任务。

以上面的任务【完成选题策划】为例，如果无法尽快完成美国大选的选题策划，那么当最终结果揭晓的时候，就会错失良机。

将这项提示输入奇妙清单并设置提醒。

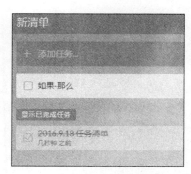
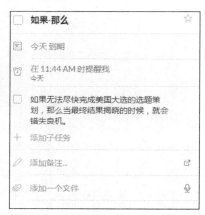

一旦任务到时提醒，计划中的"如果"被探测到，大脑就会启动"那么"的部分，人们便会不假思索地执行这个指令。

当提醒铃声响起之后，我会看到任务，意识到如果不能抓紧时间策划出相应选题，将很可能浪费掉机会，那么即便选题通过，只要没能赶上美国总统大选之后人们的关注期，图书销量也会受到很大影响。因此，我的大脑就会形成条件反射，从而立即执行，抓紧时间策划选题。

熟练运用【如果–那么】计划，可以有效提高执行力。利用奇妙清单，专门设置一项【如果–那么】任务，然后分别添加子任务。

> ☐ **如果-那么**
>
> 📅 今天 到期
>
> ⏰ 在 11:44 AM 时提醒我
> 今天
>
> ☐ 如果无法尽快完成美国大选的选题策划，那么当最终结果揭晓的时候，就会错失良机。
>
> ☐ 如果无法完成每日既定写稿任务，那么就会造成拖延，无法按合同规定日期交稿。
>
> ☐ 如果没有完成对账，那么就不能给作者及时结账，影响信誉。
>
> ☐ 如果没有制定明日计划，那么第二天就会没有头绪，影响效率。

通过【如果–那么】进行任务管理，能够形成良好的意识，从而减轻拖延行为，最终养成好习惯。

【APP自疗神器3】行动力

目标再美好，计划再详细，如果没有行动，一切都是空谈。下面讲一个小故事。

一群老鼠开会，研究怎样对付猫。为了防止被猫偷袭，大家七嘴八舌地讨论着，这时一只聪明的老鼠说，我们可以给猫的脖子上挂一个铃铛。这样，猫行走的时候，铃铛就会发出声响，它也就无法偷袭我们了。

大家纷纷表示赞同，在一阵庆祝之后，突然有一只老鼠问："那么谁去给猫挂铃铛？"

突然间，会议安静下来，所有老鼠都哑口无言了。

计划有了，无法执行，就是白白浪费时间。这种情况十分常见，很多拖延症患者从来不缺计划，差的就是执行力。那么，如何快速提高行动力呢？

方法有很多，本节的特点在于将这些方法与APP有效结合起来。在此介绍一款名为高效TODO的APP，它是以时间管理四象限法则设计的。

进入官网：http://www.gxtodo.com/。

进行注册。

我选择 QQ 直接登录，进入之后会发现这款 APP 是基于四象限法则设计的。

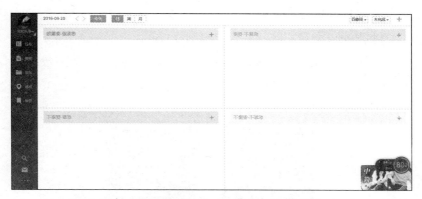

四象限法则，也被称为艾森豪威尔法则或十字法则，是由美国第 34 任总统、五星上将艾森豪威尔发明的。

画一个十字，分成四个象限，分别是重要且紧急的，重要不紧急的，不重要却紧急的，不重要也不紧急的。之后将待办事项按照标准写进去，能够显著提高工作效率。

方法简单，却十分有效，所以一直沿用至今。下面将待办事项录入 APP。

重要且紧急的任务——美国大选的选题策划；
重要不紧急的任务——每天常规的写作任务；
不重要却紧急的任务——对账；
不重要也不紧急的任务——整理收件箱。

以上述四项任务为例，在执行的过程中，普通人与高效能人士的行动力就会出现差距。如下图所示。

普通人的时间安排	
I 25%-30%	II 15%
III 50%-60%	IV 2%-3%

高效能人士的时间安排	
I 20%-25%	II 65%-80%
III 15%	IV <1%

虽然两类人都是按照四象限法则行动，即从左到右做事，但普通人将重点放在了"不重要却紧急"的事情上，而高效能人士则将重点放在了"重要不紧急"的事情上。

这是双方认知层面的差距。对于高效能人士来说，完成重要不紧急的事更关键，而不重要却紧急的事则可以放一放。

从经济利益的角度分析，想必很多人都能看明白。

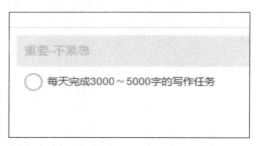

每天既定的写作任务，假设按照千字100元计算，每天的收入为300～500元人民币。

> 不重要·紧急
>
> ○ 对账

对账这件事相对紧急，但不会产生经济效益。

对比两件事，先做哪件事，就很清楚了。高效能人士会将四象限法则与二八法则相结合，也就是说将更多的精力投入到能够带来更大经济效益的任务上，那些虽然紧急但不赚钱的任务则会被放到靠后。

高效 TODO 这款 APP 很简单，严格按照四象限法则执行即可，需要注意的是执行的顺序，从左到右顺时针执行任务，不要让那些看似紧急却不重要的事情耽误时间。

除此之外，还有很多提高执行力的方法。

1. 6点优先工作法

该方法由效率管理大师艾维利提出，具体操作方法是每天开始工作之前，将一天的工作任务按重要顺序，分别从"1"到"6"进行标注，然后先做标号为"1"的任务，再做标号为"2"的任务，依此类推。

艾维利认为，一个人每天能完成 6 项最重要的任务，一定是一位高效率人士。据说，伯利恒总裁理查斯·舒瓦普在公司内全面推行艾维利的 6 点优先工作法，效果非常好，艾维利还因此收到了一张 2.5 万美金的支票。

将"6点优先工作法"与高效 TODO 相结合。

前6件事是非常重要的，要全力以赴完成，其他任务如果有时间再去处理。只要养成习惯，每天都能完成6项重要任务，那么行动力就会得到有效提升。

2.利用番茄钟设定专注时间

提高行动力，需要更长的专注时间。而如今让我们分心的事情太多，所以必须借助于APP来实现专注。这里推荐一款很好用的番茄土豆APP，本书最后一节我们会详细介绍。

通过这款APP，可以设置番茄钟，而每一个番茄钟为25分钟。在这段时间内你需要集中精力，处理手头的任务，拒绝外界的干扰。

如果你的定力不强，可以根据自身条件缩短时间，比如你只能集中精力10分钟，那就把番茄钟设置为10分钟。然后逐渐提高，随着专注的时间越来越长，你的行动力也会越来越高。

3.调整到最好状态

人只有处于最佳状态的时候,才能够将行动力最大化。你可以根据经验,采用适合自己的方式,进行自我调整。例如中午小憩 15 ~ 25 分钟可以迅速恢复精力;及时处理消极情绪等。

4.思考四象限

每天利用四象限做事之前,一定要率先思考以下内容:
第一象限:哪些事情,是为了让现在更好而需要做的;
第二象限:哪些事情,是之前没做好,现在需要弥补的;
第三象限:哪些事情,是为了让将来变得更好而需要做的;
第四象限:哪些事情,是不必浪费时间去做的。

思考哪些事情对你来说是最重要的,然后立即行动吧。借助于时间管理 APP,很快就会养成习惯,最终实现提高行动力的目的。

第9章 学会整理工作,告别低效能

CHAPTER 9

【测一测】你的工作效率怎么样?

有拖延行为的人,工作效率普遍不高,这也是妨碍他们成长的关键一环。更可怕的是,这些人往往意识不到自己效率低,反而认为目前的状态还不错,直到因为业绩靠后被开除才意识到问题的严重性。

所以,要想提高效率,就要先清楚地认识自己。通过下面这个测试,检测自己的工作效率,如果结果不理想,就要积极行动起来,想办法提高效率,否则你的职场之路就会越走越难。

1. 做事不慌不忙,即便是紧急的事也不着急。

　　A. 是　B. 否

2. 手头总有一些积压的工作。

　　A. 是　B. 否

3. 遇到困难的任务总想先放一放。

   A. 是　B. 否

4. 工作的时候很容易被其他事情干扰。

   A. 是　B. 否

5. 总试图同时处理几件事,结果一件都做不好。

   A. 是　B. 否

6. 走路、说话的速度都比较慢。

   A. 是　B. 否

7. 做事没有计划,想起什么做什么。

   A. 是　B. 否

8. 总是很忙碌却没有效果。

   A. 是　B. 否

9. 无法顺利完成每天的工作任务。

   A. 是　B. 否

10. 总是到快下班的时候才发现很多工作未完成。

    A. 是　B. 否

11. 业绩总是处于中下游水平。

    A. 是　B. 否

12. 出门办事时总是丢三落四。

    A. 是　B. 否

13. 每当完成一项任务之后总是自我怀疑,经常需要反复检查确认。

    A. 是　B. 否

14. 一想到工作就会心烦意乱。

    A. 是　B. 否

15. 对于目前从事的工作不感兴趣。

　　A. 是　B. 否

16. 对于没有完成的任务一点都不担心。

　　A. 是　B. 否

17. 办公桌总是处于杂乱无序的状态。

　　A. 是　B. 否

18. 即便想到好点子，也会因为懒惰而放弃记录。

　　A. 是　B. 否

19. 空闲时间宁愿发呆也不做点事情。

　　A. 是　B. 否

20. 打电话时间长，喜欢闲聊。

　　A. 是　B. 否

计分标准：选"是"不得分，选"否"得1分。

测试结果：

0～7分：工作效率低下，拖延行为严重，即便意识到问题的严重性，也很可能因为已经形成习惯而难以改变。

8～13分：偶尔出现拖延行为，总体来说行动力一般，工作效率平平，有进一步提升的空间。

14～20分：工作效率不错，存在偶发性拖延行为，但整体效率能够得到保证，属于高效能人士。

社会现象：低效能人士遍布职场

如今的职场，最显著的特点就是低效能人士与高效能人士两极分化，而效率极低与效率极高的人群都是少数，中间地带的人群则居多。实际上，中间地带的人群也属于低效能人士，普遍存在不同程度的拖延行为。

列举一个最典型的案例，距 2014 年巴西世界杯开幕仅剩 1 个月的时间，可是还有 3 座城市的体育场没有完工。如此重大的赛事，巴西工人都无法按时完成，足以证明他们的效率低下。

在体育场的建设过程中，体育场大幅延期的情况每隔几天就会出现在新闻中，巴西人的低效率甚至遭到了"外星人"罗纳尔多的炮轰，他认为巴西政府效率低下。

罗纳尔多在接受《Time》采访时说："这真的是一个耻辱，我对于巴西政府的办事效率感到非常的惊讶和不可接受，这显然是因为在工作的初期就缺乏正确的计划和目标。事实上我们有的是时间，我们 2007 年拿到了世界杯举办权，我们有整整 7 年的时间可以来好好做世界杯的筹备工作。但是非常遗憾，在这漫长的 7 年时间里，我们根本就没有很好地完成这项工作。"

除了政府的责任之外，巴西人天性散漫也是原因之一，工人干活一点也不着急。

根据巴西劳工法的规定，工人每天工作时间不能超过 8 小时，普通工人的有效工作时间可能只有 5～6 个小时。在有效工作时间内，工人们的工作效率也非常低，有些人干活就是混日子、磨洋工。

巴西劳工法明令禁止加班，即便老板愿意掏钱，巴西人也不愿意，因为他们更注重享受生活。

拉美西语国家的人生性温和，做事不紧不慢，散漫文化早已深入人心，跟中国人的想法完全不同。如果按照拖延症的标准来说，可能80%以上的巴西人都存在不同程度的拖延。

曾有一位中国记者在里约买纪念品，因为是易碎品，店主包装仔细，里三层外三层，但是非常慢。记者等不及便催促店主，店主立马不高兴了，说道："你们中国人就知道急、急、急，你有什么好急的。"

这样的现象比比皆是，看来真的是文化不同。这种情况在中国是不能接受的，你浪费的每一秒都是在浪费人民币。这本书不是讨论慢生活好坏的，也不是讨论到底应该怎样生活，既然目的是消除拖延症，那么像巴西工人这种低效率就是不可接受的。下面我们看看低效能人士效率不高的几点原因。

——目标不清

——拖延习惯

——做事分心

——犹豫不决

——没有计划

——没有重点

——无效思考

——消极懈怠

——信息过剩

——毫无压力

——责任心差

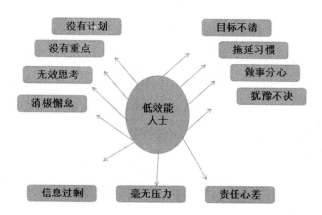

- **目标不清**

没有目标或者目标不明确,这些人压根不知道自己工作是为了什么,怎么可能充满动力?

- **拖延习惯**

低效能人士大都已经形成拖延的习惯,做事不紧不慢,没有压力感。而拖延习惯一旦养成,就很难在短时间内根除。

- **做事分心**

做事无法专注,似乎工作之外的任何事情都能让自己分心,每隔几分钟就要玩一次手机,根本无法专注于工作。

- **犹豫不决**

做事优柔寡断,思来想去拿不定主意,行动力自然差,无形中导致了拖延。必须改变繁复无效的思考习惯,一旦决定,立即行动。

- 没有计划

没有做计划的习惯,导致行动时手忙脚乱,浪费了时间。做任何事之前,都应该事先准备,做到有备无患。

- 没有重点

做事没有重点,将主要精力放在无效的事情上,这也是效率低下的原因。要善于利用二八法则,将80%的精力放在20%最重要的事情上。

- 无效思考

思考是好习惯,但是无效思考过多同样会浪费时间。无效思考指的是一个人过于多虑,在无穷的分析中浪费了时间。有些时候,行动比思考更重要,因为在行动中你会发现更多机会。

- 消极懈怠

工作没有积极性,情绪低落,每天上班只是在混日子。处于这样的状态,很难高效工作。要有目标,积极乐观,充分调动情绪。

- 信息过剩

互联网时代,信息的大量涌入会让大脑承受不了,导致无法集中精力。所以,要专注于与目标相关的信息,尽量过滤多余信息。

- 毫无压力

人无压力轻飘飘,在没有目标、没有压力的状态下,一个人很难保持高效紧张的工作节奏。因此,要想不出现拖延现象,不妨自我施压，以保持高效工作。

- **责任心差**

缺少责任心的人，工作态度往往比较消极，做好做坏一个样，所以并不在乎效率的高低。

方法1：高效能人士的文档整理术

文档整理看似简单，实际上作用不小。下面的情形是否似曾相识？

老板突然走到你的办公桌前，要一份文件，且就在旁边等着。你开始乱翻文档，昨天还看到的文件，现在因为压力太大瞬间忘记了。老板等得不耐烦，带着怒气走了。

一份很重要的合同找不到了，昨天被你随手塞到了抽屉里，现在怎么也翻不出来。最后你竟然花费了 30 分钟的时间用来找合同，而且满头大汗，十分狼狈，你的时间都浪费在了这种琐事上。

发票去哪了？因为你的随手一放，结果一张一百多万的发票找不到了。无奈之下，你只能去补发票，前后花费了一个月的时间。领导对你的意见非常大，你也十分疲惫，但是毫无办法。

看完这些情形，你还会觉得文档整理没有必要吗？

文档整理分为纸质文件与电子文件，前者比较容易，而且用得较少；后者则内容繁杂，需要掌握一定的整理方法。

整理纸质文件时，也可以采用 GTD 的五项核心原则：收集、整理、组织、行动、回顾。

【收集】将平时用到的纸质文件收集在一起，例如我会找一个较大的文件盒,将所有资料都扔进去,之后进行第二步。

【整理】进行简单分类,以合同为例,我会定期整理,将已出版并结账的合同单独拿出来,存放在一个盒子里。

【组织】第三步组织属于核心步骤,我会购买几个不同颜色的文件夹,将文件分门别类存放。

分类标准很灵活,根据个人需求划分。

1.按年份

在每个文件夹上标记年份以便保存,适合不需要经常翻阅文件的人。

2.按类别

每一种颜色代表一个类别,例如蓝色代表新签约合同、黑色代表未执行合同、绿色代表已出版合同。

3.按用途

根据文档的不同用途进行归类,例如财务文档、表格、人事文档等。

具体分类方法根据个人需求而定，如果纸质文档较多，建议在选择文件夹时采用经典四色原则。

> 红色——重要事件。红色文件夹用来收集紧急且重要的文件。
> 蓝色——工作。蓝色文件夹用来收集与工作有关的文件。
> 绿色——私事。绿色文件夹用来收集与生活有关的文件。
> 黑色——杂事。黑色文件夹用来收集一些无足轻重的文件。

【行动】分类标准设定完毕之后，执行即可。

【回顾】看看这些分类标准是否有效，然后改进不足之处。

如今已经进入无纸化办公时代，大部分上班族每天用电脑的时间超过6小时，面对数不清的电子文档，如果没有高效整理的方法，就会浪费掉你很多时间。

由于之前吃过亏，中了病毒不得不重装系统，而很多文件都是存储在系统盘的，结果弄丢了很多重要文件。从此之后，所有文档都改存至非系统盘，这一点至关重要。

除此之外，还有很多方法。

1.控制文件夹与文件的数目

虽然硬盘容量已越来越大，但是新建文件夹的数量却不宜过多。一般来说，一个文件夹里面的文件数控制在50～100个是比较适合浏览的。因为以列表方式显示，在没有最大化的前提下，一般可以完整显示大概60个文档，且一眼就能看到。

人人都能戒掉拖延症
——战胜拖延症的行动指南

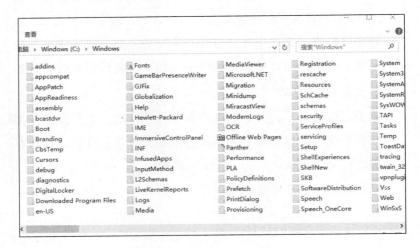

如果文件数超过100个，除非最大化窗口，否则就需要移动滚动条进行查看，这样会很乱。

2.文件和文件夹的命名

给文件和文件夹命名很重要，一定要做到简短精准，不用点开就能知道里面装的是什么文件，这样可以节省很多时间。

✓ 出版社	2016/9/6 7:49	文件夹
待推荐书稿	2016/9/14 8:31	文件夹
✓ 书商	2016/7/7 7:48	文件夹

上图是我的文档命名，出版社与书商是我的两大客户源，待推荐书稿则是还没卖掉的书稿。看到名字不用点开我就能大概知道里面放着哪些文件，从而节省了不少时间。

3.利用符号标记文件夹的重要性

对于一些重要文档，可以通过标记符号的方式区分其重要性。例如在前面加上"★"，一星表示重要，二星表示非常重要，依此类推。

4.已完成文件单独存放

已完成文档与待处理文档一定要分开，做完的文件单独存放，以免再为此浪费精力。养成定时整理过期文件，删除不需要的文件的良好习惯。

关于文件整理的技巧与方法有很多，有些比较复杂，读者一定要避免陷入误区，而应根据自己的工作需要，选择最简单实用的几种方法，这样才能保证效率最大化。

方法2：办公桌的整理

办公桌太乱同样会影响工作效率，一旦需要的东西找不到，就会影响心情，导致情绪烦乱，从而降低工作效率。

一张整洁的办公桌会让心情变好，需要的物品随手就能找到，工作效率也会因此提升。

这实际上反映的是工作态度问题。一家公司的老总一天中午没事，吃完饭出来视察。听说公司新招了几个实习生，老总就来到他们的部门，想要随便聊聊。

老总走过来之后，看到几个实习生刚刚吃完饭，几个男生的桌面惨不忍睹，上面堆满了杂物，文件、办公用品、纸杯、布满油迹的餐盒堆放在一起，看着就让人心烦。一个女生的桌子上则摆满了快递盒，应该是利用午休时间刚刚拆开的。

唯独有一个女孩的桌子很整洁，上面还摆了一盆绿植，看起来就让人很舒服。因此，老总对这个女孩产生了比较深的印象。

实习期结束，公司只准备留下两个人，那个办公桌整洁的女孩顺利地被公司录用了。

在能力相等的前提下，细节决定了一个人的职业前途，整理办公桌的习惯就是其中之一。实际上，整理办公桌并不能算作一项能力，因为没有多少技术含量，而更像是一种好习惯。不过，要想打造出一张整洁的办公桌，还是有一定方法可循的。我们可以借鉴近藤麻理惠的收纳方法，学着整理自己的办公桌。

1.桌面只留必需品

桌面整洁至关重要，会直接影响工作心情，因此除了必需品外，其他物品一律收纳至抽屉里。极简配置是一台笔记本电脑、一支笔、一部手机。

2.杂物断舍离

办公桌上的杂物该扔就扔。近藤麻理惠表示，当书柜藏书量远远超过需要阅读的数量时，就需要扔掉一些，只留下让你怦然心动的。同理，在收拾办公桌时，也可以采用这种方法。

首先扔掉多余的垃圾，之后扔掉多余的、重复的物品。比如你的笔筒里装着很多笔，实际上你只需要一支就够了，这时就可以收起其他笔，当一支笔没水了再换新的。

例如快递单，如果你不需要做记录，那么当物品送达之后，就可以扔掉了。

其实堆积如山的文件中，很多都是无用的，不如定期整理，扔掉那些没用的文件，免得查找起来浪费时间。

3.每日整理办公桌

不仅要保持办公桌表面的整洁，周围的卫生也要做好。每个人的办公桌不会很大，每天下班之前随手整理用不了几分钟。如果养成习惯每天上班、下班各整理一次，你的办公环境将会非常舒适。

4.利用收纳盒

办公桌的面积有限，如果你的东西过多，那么就要多利用收纳盒，将一些零碎的物品收集起来。收纳盒不仅实用，而且还能起到装饰作用。

例如笔筒、茶盒、文件包，只需要三件东西，就能收纳很多杂物。试想：如果你的桌子上摆满了笔、茶叶包、各种文件，你还有心情办公吗？

5.根据重要程度摆放物品

摆放物品的基本原则是将常用的与不常用的分开，将常用的东西放到触手可及的地方，不常用的则可以收纳到抽屉里。如果是文件，不常用的放在最底层，常用的则放在最上面。

6.简单装饰与明亮色彩

为了让办公桌看着更漂亮，可以选择一些装饰品，比如绿植，好看又养眼。另外可以选择一些明亮色彩的文具，这样会很好地提升情绪。对于常用的、重要的文件，选择放在色彩鲜艳的盒子里，能够起到提醒的作用。

7.利用便笺纸与工位隔板

充分利用上部空间，可以有效降低桌面的繁杂程度。将便笺纸贴到工位隔板上，不仅可以提示自己该做什么，还可以节省桌面空间。

8.定期整理文件

文件是最占地方的，一不注意就会堆积成山，所以要养成定期整理的好习惯。每隔一段时间整理一次，将没用的文件一律放进碎纸机。

9.上班前、下班后的归纳习惯

正式开始工作之前，一天工作结束之后，只用5分钟进行简单的整理收纳，你的办公桌就会与众不同。这是一种好习惯，也会向老板传递出一种积极的工作态度。

方法3：电子邮件的整理方法

如今，电子邮件的作用越来越重要，很多人每天都要收到大量邮件。如果不懂邮件的整理方法,那么工作效率肯定会大打折扣。

当四面八方的邮件一起涌来时,很多人都会手足无措,不知道该先处理哪一封,如果一封一封看,势必会浪费很多时间。

邮件管理的方法有很多,你不一定都要掌握,但是关键的几种一定要学会,这样就能够节省出 80% 的时间。

如果你的邮件很多,一定要下载一个客户端,现在都用手机处理邮件了,所以下载一个 APP 就可以。在百度手机助手搜索,可以看到下图这几款邮件客户端的使用率都非常高,选择一款就行。

为什么要选择一款邮件客户端?因为每个人可能都注册过很多邮箱,qq 邮箱、126 邮箱、139 邮箱、gmail、Hotmail……太多了自己都记不住,你也不可能每天上班挨个登录一遍官方邮箱,所以下载一款邮箱客户端,关联到所有注册过的邮箱,统一接收邮件,这样就方便多了。

1.按用途分类

首先,你需要有一个专门用来注册的邮箱账户。每天都可能要注册一堆网站,然后需要确认之后才能登录。这个邮箱不用添加到客户端,因为没多大作用,定期去网页端整理一下即可。

其次,设置一个私人邮箱。这个邮箱在工作时间不要看,下班之后的闲暇时间再去处理,否则将会非常耗费精力。私人邮件就像朋友圈一样吸引人,如果没有定力,建议也不要添加到客户端。

工作邮箱才是最重要的,应该添加到电脑和移动客户端,并根据需要设置提醒和推送。这些是真正需要及时处理的。

2.邮件过滤器

仅以工作邮件为例,具体设置方法就不介绍了,不懂的读者可以去网上查看。例如 iPhone App 现在可以设置只推送"主要"的邮件,而不推送"社交""促销""更新""论坛"这几类邮件。

利用【垃圾过滤】,将各类垃圾邮件挡在门外。

另外就是【自定义过滤】,根据需求自行设计。例如来自老板的邮件,自动加星强调,以便及时回复。

设置完过滤标准之后,邮件就会分门别类地进入你命名的收件箱中。下图是网友大席的邮箱。

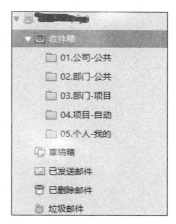

大席的收件箱分为五个项目,可谓一目了然,方便快速审阅与处理。通过发件人、收件人、标题等信息进行自动过滤是非常高效的,会让你清楚哪些邮件才是最紧急的。

3.重点邮件

邮件只是工作的一部分,不要在上面花费太多时间,所以你应该将主要精力用来处理重点邮件,这就需要进行"置顶"或"加星"处理。例如上级的邮件设置为加星,你就会意识到它的重要性并优先处理。

将重要邮件置顶处理,就不需要再去浪费时间查找。另外每隔一段时间定期处理置顶邮件,比如取消置顶或直接删除。

4.邮件标签

还可以利用给邮件贴标签的方式,设置方法很简单,目的就是更加醒目,快速弄清楚邮件的用途。下图是我设置的标签,通过不同的颜色能够快速分辨哪些才是我需要的邮件。

5. 4D处理原则

这是美国出版人 Michael Hyatt 首先提出的。4D：即行动（Do）、转发（Delegate）、搁置（Defer）、删除（Delete），这四点涵盖了对任何一封邮件可能执行的动作。

【行动】阅读邮件之后，你发现那些需要你处理并能在短时间内完成的任务，就应该立刻付诸行动。例如同事让你发一份资料，而你的电脑里正好存着备份，那么你就没理由拖延。

【转发】如果你发现邮件中提到的工作可以转交给更适合的人，或者可以以更低成本完成的人，则要尽量将任务布置下去。例如你收到邮件，朋友寄给你的礼物到了，那么你可以委托下属帮你去拿。不要犹豫，将邮件转发给下属，这样就能为自己节省时间。

【搁置】当邮件中提到的工作必须由你来做，但显然无法在短时间内完成的情况下，把它们暂时搁置起来。搁置的目的是有效分清主次，随后根据重要性进行安排。

【删除】删除已经处理完且没有用的邮件，这样会让收件箱更清爽。当你需要查阅之前的邮件时，也能够更轻松地找到所需邮件；否则，当收件箱里躺着几千封无效邮件，如果你不记得关键词，就需要一页一页翻看，这样会浪费很多时间。

以上是几项处理邮件的重要方法，下面再介绍一些小技巧，学会它们，你的效率就会有效提升。

1.关闭邮件通知

邮件通知是最容易让人分心的，时不时跳出来的邮件提醒，我们都会下意识扫一眼，如果感兴趣就会点开看。这样一来，思路就会被打断。像我经常需要写东西，有时候跳出一封邮件，就会导致思路中断。因此，如果你的邮件过多，同时又不需要及时回复，那么就关掉邮件通知吧。

2.定时查看邮箱

如果你需要频繁处理邮件，那么可以定时查阅，例如每30分钟查看一次，以便统一处理。这样一来，你就有了至少30分钟不会收到邮件的时间，而在这30分钟之内，你可以更专注地处理其他工作。

3.慎用"重要"标签

只有在真正重要或紧急的情况下，才选择使用"重要"标签；否则，当你频繁使用"重要"标签，就会像狼来了的故事一样，从潜意识中不予重视，从而逐渐失去效果。

【APP自疗神器】用"印象笔记"完成工作整理

无纸化办公时代，学会运用软件办公可以有效提高效率。现在的手机APP功能越来越强大，因此只需要一款手机，大部分工作都可以完成。想一想，真的有些神奇。

一款名为"印象笔记"的软件,英文名是 Evernote,功能强大,对整理工作来说十分有效。尤其是信息的储存,非常方便。

"印象笔记"具有多平台性,在手机、PC 端可以实现无障碍同步数据,这个功能对于收集资料非常有用。

在此还是使用网页版进行介绍,先进入官网:https://www.yinxiang.com/。

快速注册之后,你会收到一封确认邮件,如下图右下角所示。这时你就可以用到上面刚刚讲过的邮件整理方法,因为我平时的邮件不多,所以暂未处理。

单击"轻松管理进度"之后,会提示你下载"印象笔记"软件,继续使用网页版进行演示。

首先进入主界面。

设置完提醒之后,第三项是安装【剪藏】,这是非常实用的功能。

由于工作关系,我经常需要浏览很多内容,并保存很多资料,之前都是复制粘贴,然后存储到 Word 文档之中,过程很麻烦。

自从用了印象笔记的【剪藏】功能，节省了很多时间。

下载之后就可以使用了，非常简便。如果不明白，网站上还有视频专门教你操作方法，很容易学的。

通过【剪藏】保存的网页，还可以显示原始网址，以方便查阅。只要点击这个来源，就会自动打开相关联的网页。

操作方便后，也会带来新的问题，很多人因为一键剪藏的功能，将有用没用的都保存下来，实际上很多都是无目的的存储行为，只能导致最终的无效阅读。

所以，在存储资料时一定要有目标，即所存储的内容有用，这是前提。

此外，你还可以通过"印象笔记"轻松圈出重点内容，以节省再次阅读的时间。一般来说，遇到有用的资料，我们都会大致阅读一遍，期间看到很多关键信息，但是过一阵就会忘记，等到需要时又要读一遍，无形中浪费了时间。

"印象笔记"则可以使用荧光笔高亮文本功能，轻松标注出重点内容，如下图所示。

这个功能很实用，能够有效避免重复阅读。当你需要查阅资料时，只需查看被荧光笔标记的内容，就可以快速掌握重点。

"印象笔记"的功能远不止这些，它还可以记录灵感。因为Evernote的多平台性，我们可以在手机端同步数据，而不用担心数据丢失。

我们可以把工作中零碎的想法记录下来，也可以在外出途中随时随地记录突发奇想，因为你只需要一部手机，就可以随时同步，而不用担心稍后会忘掉。

第10章 拖延症患者最渴望的时间管理魔法

CHAPTER 10

【测一测】时间管理能力自测

绝大多数拖延症患者都不善于管理时间,这也是造成他们拖延的重要原因。很多公司在选拔人才时,都会考核时间管理能力。例如作为自由度较大的销售人员,如果缺乏时间管理能力,对公司及个人来说都是一种巨大的浪费。

完成下面的题目,看看你的时间管理能力处在什么水平。

1. 每天下班之前都留出一点时间,安排第二天的工作任务。

　　A. 是　B. 否

2. 你总是可以提前完成任务。

　　A. 是　B. 否

3. 你喜欢自己的工作并总能表现出积极的态度。

　　A. 是　B. 否

4. 你习惯将工作任务按照重要程度排序,并先完成重要的事情。

  A. 是 B. 否

5. 你在处理邮件时不会超过 20 分钟。

  A. 是 B. 否

6. 相对于工作量,你更注重业绩。

  A. 是 B. 否

7. 相对于工作过程,你更在乎结果。

  A. 是 B. 否

8. 你有明确的目标。

  A. 是 B. 否

9. 对于浪费时间的行为,你会感到后悔。

  A. 是 B. 否

10. 你会充分利用通勤时间,学英语、阅读等。

  A. 是 B. 否

11. 善于授权,下属能做的尽量交给他们去办。

  A. 是 B. 否

12. 不会将一天排得太满,总是给突发事件留出时间。

  A. 是 B. 否

13. 做事不犹豫,命令下达之后立即执行。

  A. 是 B. 否

14. 任务太多忙不过来时习惯列一张清单,有助于理清思路。

  A. 是 B. 否

15. 有条件的情况下小睡一会,可以保证整个下午的精力。

  A. 是 B. 否

16. 等待的时间会用来阅读,不会发呆。

  A. 是 B. 否

17. 习惯利用 APP 记录信息、资料等。

    A. 是　B. 否

18. 定期整理邮箱，避免无效邮件耽误时间。

    A. 是　B. 否

19. 善于通过合作节省时间。

    A. 是　B. 否

20. 尽可能采用电子通信的形式沟通。

    A. 是　B. 否

21. 每天整理办公桌。

    A. 是　B. 否

22. 逐渐养成迅速抉择的习惯。

    A. 是　B. 否

23. 给每一项任务设置截止日期。

    A. 是　B. 否

24. 失败之后迅速投入新任务，避免无用的懊悔。

    A. 是　B. 否

25. 生活习惯规律，早睡早起。

    A. 是　B. 否

26. 一旦意识到工作没有效果，就会立即终止。

    A. 是　B. 否

27. 注意力集中，可以长时间专注一件事。

    A. 是　B. 否

28. 将主要精力放在最重要的工作上。

    A. 是　B. 否

29. 休息时间过长会让你有负罪感。

A. 是　B. 否

30. 你会对无效会议说"NO"。

　　A. 是　B. 否

31. 你的手机上装有很多时间管理方面的APP。

　　A. 是　B. 否

32. 打电话从不闲聊，简单有效。

　　A. 是　B. 否

33. 工作中尽可能避免干扰。

　　A. 是　B. 否

34. 你习惯于在最好的状态下处理复杂的工作。

　　A. 是　B. 否

35. 不会随便召开会议。

　　A. 是　B. 否

36. 不会轻易浪费别人的时间。

　　A. 是　B. 否

37. 经常反思与调整自己的计划。

　　A. 是　B. 否

38. 今日事今日毕是你的原则。

　　A. 是　B. 否

39. 你不会因为追求完美而耽误时间。

　　A. 是　B. 否

40. 你认为自己的工作效率很高。

　　A. 是　B. 否

计分标准：选择"是"得1分，选择"否"得0分。

测试结果：

32～40分：说明你的时间管理能力很强，基本没有拖延行为。

24～31分：说明你的时间管理能力与高效能人士有一定差距，属于普通人的水平，偶尔出现拖延行为，有待进一步提高。

24分以下：说明你并不善于进行时间管理，经常会出现拖延行为。你需要按照本书下面的内容进行治疗，努力改善拖延行为。

社会现象：不善于管理时间的人效率都不会太高

没有时间管理观念，不善于管理时间的人，往往都是低效能人士。这样的人在职场中的位置一般比较尴尬，大多数属于基层员工，很难爬上去。别人一个小时能完成的任务，他们往往要花费2～3个小时，这样的效率哪个老板会提拔你？

还有一些人，平时工作很卖力，事业心很强，希望在工作中有所建树，可就是不得章法，工作效率低下。

张莉是某房产中介公司的业务员，平时工作很辛苦，每天至少工作10个小时。她也非常努力，希望能多出业绩，多赚点钱。可是每当月底评比的时候，她总是处于中下游的位置。她很苦恼，在她看来自己是公司最努力的，业绩却非常不理想。

每天张莉都觉得很疲惫，感觉忙来忙去就是不出业绩，做了很多无用功。渐渐地，她意识到自己不擅长进行时间管理，于是买了很多相关书籍。可是由于工作很忙，回到家之后已经晚上十点了，洗漱完毕之后，再玩会手机就要睡觉了，结果书买了一堆，根本没看几页。

张莉开始试着做计划，每天早上上班之后，先规划出一天的工作任务，早上如果没有客户看房，就在网上找房源；下午则出去跑客户。晚上一般是比较忙的，基本都在带客户看房。

按理说，张莉的计划没有问题，可是落实起来却不容易；而且在执行过程中的方法运用不当，导致效率并没有明显提升。

白天在网上找房源时，有时候会通过网络向客户介绍，然而一旦有客户进店咨询或者是打来电话，张莉就会分心，忙完客户之后就会忘了网上的客人，结果导致之前聊了半天成了无用功。

除了容易分心之外，张莉的时间分配也不合理。她总是想起什么就做什么，完全不懂二八法则。对于房产中介来说，要把80%的精力与时间放在可能成单的潜在客户身上。而张莉的判断力差，看不出哪个客户的成交意向更强，往往将大部分时间用来做无效的介绍。

举例来说，她把大部分时间花费在租房客户的身上，而忽略了要买房的客户。从佣金提成就能看出，租房的佣金与买房的佣金相差很多。也就是说，张莉是用80%的时间在做不怎么赚钱的事。

张莉的问题很常见，努力却没有效果，这就是吃了不懂时间管理的亏。

针对张莉这种情况，首先要明确以下几点。

1.没有行动，读书、计划都是没用的

张莉买了很多时间管理方面的书，结果没时间看。还有很多人几乎将市面上治疗拖延症的书看遍了，结果从来不去实践。没有行动就没有效果，掌握了方法之后，一定要加以运用。

2.别让计划毁了你

有些人喜欢做计划，这是好习惯，但是计划过多就容易迷失其中。有个胖子曾经制订过很多减肥计划，办过三次健身年卡，结果一共才去了二十几次。制订计划的前提是可行性，如果你无法执行，过多的计划只能带来失败感，进而加重拖延现象。

3.时间管理的意义

更好地管理时间，为的是有效提高效率，那么就要有行动力的支持，有明确的奋斗目标。而不是当别人问你时，说出一大堆计划及完美的时间管理方法。再好的方法，不适合你，不去运用，又有什么意义？

4.遗愿清单

把每年当成最后一年过。想象一下，今年是生命中的最后一年，你还有多少计划没有实施。时间的紧迫感估计让你再也无心拖延了。

5.适合自己

时间管理方法再科学，也不如适合自己的好。在别人那里行

得通的计划，对你来说就不一定可行。找到适合自己的时间管理方法，并建立自己的体系。别人每天做十件事，你只能做三件，那么就选择能完成三件事的方法，这才是效率。

想清楚为什么要进行时间管理，如何做才是适合自己的，怎么做才能达到最高效。之后根据自身条件设计相应的方法，这样才能最终治好拖延症。

方法1：增强计划性，做事慢不了

一个商务人士刚刚出了机场，就急匆匆叫了一辆出租车，上车之后就说："师傅，快走，我要开会，快迟到了。"没等司机师傅说话，他又补充道："赶紧开，再快点。"

司机以为径直开呢，就没再说话。这位商务人士开始各种忙活，处理文件，打电话，就是没注意到路线。

过了一会，商务人士看了看表，对司机说："师傅，咱们快到了吧？"

司机回答："先生，你还没说要去哪呢！"

这是一个小故事，生活中像这种没有计划的人很多，他们在无形中浪费了很多时间。

凡是有拖延症的人，90%的人做事都缺少计划。计划不是万能的，但没有计划是万万不能的，只要牢记计划与行动紧密相连的原则就可以了。

计划是为了给目标作引导，让我们能够更加清晰地以最少的时间去执行，并以最快的速度到达目的地。因为有了计划，才防止了因突发事件而导致的拖延，同时也不会偏离目标。

一个完美的计划，首先要有清晰合理的目标，有了方向，再有一条主线，接下来只要去执行就够了。以图书排版为例，很多出版社都是先找一个设计师，按照自己的思路设计出一个版式，之后交由专业排版人员处理，既省钱又省力。

　　设计师的专长在于设计、给出思路，但排版速度既慢又贵，而专业排版人员在设计方面要逊色不少，但作为熟练工种在速度上的优势明显。两者相结合，才能实现效率最大化。

　　以前不懂时间管理的时候，设定目标时没有概念，随便想出一个目标就去执行，结果大部分都无法实现。记得那会想要掌握更多单词与汉字，于是按照词典一页一页背，英语词典背完了A打头的所有词汇，结果翻回来一看没记住几个；而汉语词典呢，同样如此。

　　这就是目标不清，方法不明，结果浪费了时间，最后还没有效果。后来还是英语老师点醒了我，一天只背20个单词，不用按照字典的顺序走，就背英语书的单词，先记住这些再说。

　　难度降低之后，成功率也高了。很快我就记住了大一的单词量，之后按照这种方法，掌握了更多单词。

　　所以说，合理的、可实现的目标很重要。因为一旦当你的目标无法完成，就会失去动力，从而造成拖延。

　　设定好清晰的目标之后，接下来就要开始做计划，并让预先设置计划成为习惯。做计划不宜过长，比如很多书里都在说人生必须有长期规划，有些人甚至想到未来几十年之后的样子。我可以负责地告诉你：90%的长期计划都无法实现，至少不会像你预想的样子。你甚至连未来几年的规划都无法实现，毕竟现在的变化太快了。

一切不可预知，一切变化太快，所以计划一定要简短。在我看来，日计划、周计划、月计划，这些才是最实用的，即具体计划不要超过一年。当然，你完全可以预想未来 5 年、10 年之后的样子，做到行业精英甚至领头羊的位置。这都没问题，只不过没必要做出详细的计划，否则就是在浪费时间。

有了明确目标，设定好计划之后，接下来还要做好充分的准备，才能增加成功的概率。对于拖延症患者来说，目标、计划都设定好了，他们依旧很可能无法执行。为了确保这些人能行动起来，充分的准备工作可以起到督促作用。

有心理学家研究显示，为目标做好充分准备，那么完成的概率便会大大增加！以晨跑为例，拖延症患者很难坚持下去，尤其是冬天，起床都成问题。对此，心理学家做过实验，他们找了一群大学生作为测试对象，并分为两组，两组人有一个共同的目标，那就是通过晨跑减肥，也都设定好了相应计划。

不同的是，A 组的同学为晨跑做足了准备，他们购买了喜欢的运动服、跑步鞋，并且将装备整理好放在床头；而 B 组的人则没有准备。

经过一段时间的观察，专家发现，A 组的同学执行力更强，86% 的人完成了计划；而 B 组只有 60% 的人完成了计划。可见，充分的准备能起到良好的监督与促进作用。

做计划的几项准备工作：

——选择安静的地方，理清思路；

——结合目标，制订可行计划；

——制订短期可实现的计划；

——想好可能遇到的困难；

——将 80% 的精力用来处理 20% 的任务。

做计划常用的工具：

——计划管理类 APP；

——笔记本电脑；

——任务清单；

——日程规划清单（每日、每周、每月）；

——名片、电话簿。

实际上，这些工具完全可以用一个 APP 来实现。也就是说，你只需要一部手机、一个运用自如的 APP 就够了。

方法2：20分钟黄金高效法则

【20 分钟黄金高效法则】指的是将任务分成若干个 20 分钟，在每一个 20 分钟内高度集中精神，20 分钟后停止，休息一下。如此反复，直到事情做完为止。

这种方法实际上与番茄钟是一个道理，只不过一个是 20 分钟，一个是 25 分钟。通过 20 分钟法则，将一项任务分几次完成，可以有效减轻压力，降低挫折感，从而降低拖延的概率。

20 分钟法则实际上是一种提高专注力的方法，在短时间内专注于某项任务，能够有效提高效率。

很多时候，人们拖延的原因是面对某项任务时无从下手，在犹豫的过程中浪费了很多时间；或者在面对困难任务的时候无从下手，并轻易放弃。

而 20 分钟法则可以解决以下问题。

——当你遇到难题想要退缩的时候，坚持 20 分钟，之后如果毫无头绪，果断放弃；如果有了思路，就会进入解决问题的状态。

——当你没有思路的时候，坚持思考 20 分钟，在这个过程中你会想到很多问题，通过思考逐渐进入状态。

——在开始一项任务之前，先准备 20 分钟，可以搜索资料，整理思路，阅读相关文件。之后再开始处理问题，思路就会清晰很多。

——在问题卡壳无法解决时，让自己休息 20 分钟，放松大脑。20 分钟之后重新思考，一般情况下都会有新的思路。如果到时还是卡壳，那么可以果断放弃。

20 分钟法则在生活或工作中出现的频率很高，只不过大部分人没有意识到：

——会议休息 20 分钟；

——赛前热身 20 分钟；

——分组讨论 20 分钟；

——健身项目 20 分钟；

——面膜时间 20 分钟；

……

如果你留意，会发现 20 分钟法则出现在很多场合，无论是有意还是无意，人们都从中受益。在这 20 分钟时间里，无论是专注工作还是短暂休息，都起到了提高效率的作用。所以，妥善运用 20 分钟法则，将会成功治疗拖延行为。

神奇的 20 分钟高效黄金法则，被管理学家和心理学家普遍认可。他们通过大量的研究证实，20 分钟绝不是一个巧合的数字。管理学家提出，如果我们将工作切分为很多个20分钟的组合，那么效率就会成倍提升！而心理学家提出，人进入读书学习或者思考休息的状态，所需要的时间阈值恰好是20分钟。

Evan DeFilippis 写过一篇文章，看看他是如何通过20分钟法则自我提升的。

Evan 每天晚上下班回家都会感到十分疲乏，所以只愿做一些不费脑筋的事，例如看一会儿电视、上会儿网、玩会儿朋友圈、发发微博等。

每晚都会花几小时来做这些事，然后爬起来熬夜写稿子，第二天又累得要死。他一直处于这种恶性循环中，直到周末才能放松。

这种状态让他的工作效率与生活质量大打折扣。后来，他学会了利用20分钟法则，每天回到家就会逼自己至少花20分钟做以下事情之一。

——写一篇文章
——读一本书
——练习下棋
——用 Duolingo 学习外语
——练吉他
——冥想
——使用计算机编程语言
——做拉伸运动提高柔韧性

Evan 发现，一旦全身心投入到这20分钟里，自己就会有精力继续坚持下去。几周之后，相信就会读完一本书。

如果没有连续投入20分钟的精力，或者没有开始的勇气，那么你的时间只能浪费在毫无意义的休闲项目上，对提高效率、治疗拖延症毫无帮助。

Evan认为，通过20分钟法则，可以让人们更加接近目标。坚持20分钟，人们就能够看到更多的希望，并因此而产生更大的动力，也就不会再拖延。

20分钟高效黄金法则的用法

- ➢ 坚持20分钟，你就会进入状态
- ➢ 专注20分钟，你的效率就会提高
- ➢ 努力20分钟，你会变得不一样
- ➢ 休息20分钟，给自己一个更好的状态

坚持20分钟，你就会进入状态

浮躁是导致拖延的主要原因，当我们面对一项任务时，要给自己20分钟的热身时间，20分钟之后再决定是否放弃。20分钟是一个进入状态的过程，能够让你理清思路、找到节奏，逐渐进入兴奋状态。

专注20分钟，你的效率就会提高

将20分钟作为一个时间段，在此过程中不去想其他事情，拒绝一切干扰，专注于手头的工作任务。可以说在没有分心的情况下，人们的效率是最高的。所以将一件事情分成若干个20分钟，能够确保任务的高效完成。

努力20分钟，你会变得不一样

努力工作20分钟，在这个时间段内全力以赴，你会找到属

于自己的工作节奏，进入一个高效状态。养成习惯，你就会变得越来越出色。

休息20分钟，给自己一个更好的状态

在连续完成几个20分钟的任务之后，给自己一段休息的时间，同样可以起到很好的缓冲作用。例如在长时间的会议中，20分钟的休息时间有助于大家整理思路、保持状态。所以在一段高强度的工作之后，给自己20分钟的休息时间，就会呈现更好的状态。

方法3：GAINS法则

GAINS模型是时间管理方法之一。GAINS是五个单词首字母的缩写，内容如下。

——goal（目标）
——assessment（评估）
——idea（想法）
——next step（下一步）
——support（支持）

❖ Goal：确认目标

做事必须有明确的目标，这是采用任何时间管理方法的前提。所以在开始一项任务之前，务必明确以下几点。

为什么要这样做？（目的）

做这件事可以学到什么？是否能坚持下来？（过程）

想要得到什么，做到怎样的程度？（结果）

评估目标的可执行性。（执行）

确认目标看似简单，随便想一个也的确很容易，然而你的目标无法执行，达不到结果，一切又有什么意义呢？只不过是浪费时间而已。

现实生活中，做事拖延的人其实不缺目标，只不过他们的目标从没有被实现。徐明是我刚刚参加工作时的同事，刚刚接触时，因为不熟悉，也没有经验，觉得他是一个特别有理想的人。

徐明说自己最大的心愿就是当老板，每天的时间自由，不用受别人管理，更不用担心被别人骂。他经常说，如果自己当上老板，一定要对员工好一点，绝不会动辄大骂一顿。

这是徐明 20 年前的梦想，那时他刚参加工作没多久。直到今天，他的老板梦依然没有实现。

徐明跟很多人一样，只看到老板光鲜的一面，直到自己尝试，才发现背后要受的罪自己根本承受不了。

他知道为什么这样做，却没有估计到过程的艰辛。也就是说，他的目标可执行性不强，无法实现。

不要忽视确认目标的作用，一个可执行、可实现的目标很关键，可以有效提升动力、减轻拖延。

❖ Assessment：评估机会、风险、困难

目标设定完毕之后，就进入评估阶段。这时你需要分析出其中的机会、利益，面临的风险与困难，具备的优势与存在的缺陷。

充分认识目标之后，进行合理客观的自我评估，相当于事先做好充分的计划，尽量将风险降到最低。

前面案例中徐明给自己设定的目标是当老板,由于没有进行合理评估,只看到目标带来的利益、机会,没有充分估计到过程中的风险、困难,结果导致半途而废。

评估的目的就是避免不必要的行动,以确保时间、精力不会被浪费。

❖ Idea:想法

评估之后,如果任务可行,第三阶段就是设计切实可行的方法了。这是出具体规划方案的阶段,查找资料、制订计划、设计方法等。

❖ Next step:行动

执行方案设计完毕之后,就要进入实质性阶段——行动。这也是拖延症患者最容易出现的问题,大部分人有目标、有想法、有计划,就是不行动。

一切任务的关键都在于落实,所以准备好了,就开始行动吧。

❖ Support:支持

完成一项困难的任务,支持不可或缺。这是一种无形的精神力量,家人、朋友、同事的支持非常重要,会让我们坚定信念,勇敢前行。在通向成功的路上,我们需要学会与人合作,获得足够的支持,这不仅来自精神方面,还包括实质性的帮助,比如技术、精神、资金、经验、人脉等。

因此,当上述四步完成之后,你还需要寻找支持,这是确保任务最终被顺利执行的基础。

通过 GAINS 模型管理你的时间,有助于提高效率。

举一个简单的例子,如今赚钱是很多人的目标,如果你给自己设定了一年赚 10 万元的目标,就可以借助于 GAINS 模型提高效率,促进目标的完成。

G(目标)——10万元年收入

为什么要这样做?(目的)

物价飞涨,房价飙升,你想提高生活质量,所以要努力赚钱。

做这件事可以学到什么?是否能坚持下来?(过程)

在努力赚钱的过程中,能够学到很多必要的技能、经验、能力。你认为以自己的能力,年入 10 万元的目标只要努力就是可以实现的。

想要得到什么,做到怎样的程度?(结果)

升职加薪,收入与能力双双得到提升。

评估目标的可执行性。(执行)

在大城市,年入 10 万元的目标不算太高,可实现的概率非常大。

A(评估)——评估机会、风险、困难

年收入达到 10 万元的目标,带来的不仅是表面收入的提高,在努力的过程中还有很多机会。能力的提升,更多的人脉,更宽广的视野,这些都是潜在的机会。当然,你要估计到过程的艰辛程度。你需要考虑目前的年收入水平,如果你只有 3 万元的年薪,想要在短时间内达成目标并不现实,你会遇到很多困难,且必须做好充分的评估。

例如,你所接触的人脉都是月薪 4 000 ~ 5 000 元的人,很

显然他们对你的支持力度不大，很难带来实质性帮助。也就是说，即便这些人帮你介绍工作，你的年薪收入也只能提升20%左右，很难大幅度提升。这些都是执行过程中的潜在困难，因而要充分评估。

当你觉得年收入10万元的目标不可能在短期内实现的时候，可以调整期限，或是降低目标。比如两年内达到10万元的年薪，或者是短期内实现薪水20%的提升。

评估的重要性就是确定目标是否能够顺利完成，一旦发现可执行性不强，立即修改目标或果断放弃。

I（想法）——列出具体方案

要想完成目标，就要有具体的计划，也就是怎么做才能实现年收入达到10万元。如果前两步都没问题，接下来就要制定具体的方案：

❖ 学习与专业相关的技能；
❖ 结识感兴趣行业的人脉；
❖ 从小公司开始做起，通过不断跳槽增长经验、能力、人脉。

通过上述方法，年薪就会逐步增长，最终达成目标。

N（行动）——开始执行

计划设定好之后，你就要开始执行。例如你从事着与英语相关的职业，那么可以从报考各种英文学习班开始，之后加入各类英语论坛、微信群，以寻找潜在人脉。所谓潜在人脉，一定是跟你的目标相关的。例如你想跳槽到新东方做培训师，就要努力找这方面的资源，认识一些无效的资源只会浪费时间。当你的经验、能力有了一定基础之后，开始从小公司做起，不要在乎薪水，先进去再说，一旦掌握了工作岗位的技能，便开始跳槽。在选择公司的时候同样要有相关性，从小到大，循序渐进，最终加入梦寐以求的公司。

S（支持）——寻找他人支持

在追寻目标的过程中，远离不理解、不支持你的人。毕竟道不同不相为谋，这些人对你的目标没有任何意义。你要找的是那些志同道合的人，通过他们赢得支持、鼓励，记住：实质性的支持远大于精神力量。

完美执行上述 GAINS 模型之后，大部分人已经可以接近自己的目标，至少能够在很大程度上提高效率，这一点你可以通过纵向对比获得。记录运用 GAINS 模型之前的状态，然后进行对比，你会发现提升显而易见。

方法4：拒绝三分钟热度，坚持改变拖延

水能穿石，因为它永远在坚持。

做事情三分钟热度是拖延症患者的通病，即对任何事情只能坚持"三分钟"，之后兴趣会迅速减退。在生活或工作中，如果没有激情，做事就会非常枯燥，于是做与不做、完成与否就变得不那么重要，这就会导致拖延。

对拖延症患者来说，一个有趣的现象就是：最开始做一件事的时候，激情越高，之后失去兴趣的速度也会越快。兴趣来得快，去得也快，对什么都有点兴趣，但是最后发现什么都没有意思。

做事一旦失去兴趣，没有激情，也就不用期待结果了。80%的情况是事情根本无法完成，即便完成了也做不好，只是在糊弄。

对所从事的工作充满兴趣和在完成过程中抱有激情，这是坚持完成一项任务必须具备的两个条件。只有如此，才能最大限度地减轻拖延。

研究显示，造成拖延的主要原因之一就是缺少激情。托马斯 C. 科利说过："我们只喜欢做自己爱做的事，并且推迟做我们不喜欢做的事情。"他还写道："从盖洛普民意测验所的数据来看，仅有13%的员工'专注于'他们的工作，或者在他们的工作中投入情感。"

三分钟热度并不难，但是坚持到底却很困难。通过数据可以看到，只有少得可怜的员工能够专注于自己的工作，大部分人都是在混日子，所以造成拖延的情况也就不足为奇了。

坚持是最简单的时间管理技巧，也是最难"掌握"的。三分钟热度谁都有，坚持到底则只有少数人可以做到。

拒绝三分钟热度，就要保持激情，时刻充满兴趣。当然并不是总处于亢奋状态，而是将它控制在一个合理的范围内，让激情产生最大的效力。

在水龙头底下放一个碗，如何才能盛满它？水流过小，虽然说迟早会接满，但是会很慢；水流过大，水会不断溢出，始终无法接满，还会造成浪费。

激情也是如此，必须控制在合理范围内，才能更长久地坚持下去。

上高中的时候，正值青春期，喜欢耍酷，班上的同学无论男女，几乎人手一把吉他。留着长发，拿着吉他摆酷，实际上没有几个人会弹。很多人买来很多书，还有人去报各种吉他班，一个学期下来，能够完整弹出一首曲子的人不超过3个。

第二学期开始，玩吉他的人数不到一半了，各自还是回归到网吧打游戏去了。

三分钟热度的现象很常见，兴趣来得快，去得也快，当失去兴趣之后，大部分人都无法坚持下去。另外，很多人在兴趣刚刚点燃时盲目跟风，没有意识到难度，导致半途而废的现象也很常见。

听过太多因为缺少激情而无法坚持下来的案例，也有因为激情过剩导致的项目夭折事例。也就是说，要想成功完成一件事，不仅要有激情，能避免三分钟热度，还要有控制激情的能力。

如今互联网创业非常火爆，一个成功的项目就能改变命运，马云的淘宝、张小龙的微信等案例都让人充满热血。然而，失败的概率也是相当高的，毕竟这一行竞争激烈，成功者寥寥无几。因为激情过剩而夭折的事例在创业公司中很常见。一位朋友从公司跳槽之后，攒了几个人开始做项目。我这个朋友想出了一个不错的点子，然后找到了风投，拿到了钱，几个人充满激情开始创业。

当时这帮人就像打了鸡血，每天工作14个小时，他们的原话是"根本不困，睡不着"。结果这群激情过剩的创业者，在不到半年之后就宣告项目夭折了。

当他们开始做项目时，每个人都是创始人、每个人都有原始股，开始招人、找办公地点。一切妥当之后正式开始工作，没用两个月的时间，他们就做出了第一个方案。不过大家商量之后，发现方案不够完美，很快有人想出了新点子，就按照新的方案重新设计。

第二个方案也很快出来了，还是不满意，又有人提出了新点子。就这样，周而复始，不断修改，每个人都希望做出一款可以改变世界的 APP。

时间一天天过去了，投资人看不到任何业绩，而团队成员也不愿交出一个自己都不满意的方案。很快，投资人的初始资金所剩无几，因为看不到希望便不再追加投资。没钱了，团队成员开始出现分歧，有些人认为至少先做出一个样子，先去骗点钱回来，然后继续完善；有些人则坚持理想，四处筹钱救急。

结果可想而知，在这种情况下 90% 的项目都不可能继续下去，大家散伙时依然激情满满，想要准备下一次创业。

相比于三分钟热度来说，激情过剩的人更容易成功，至少他们还能坚持下去。然而，一定要学会合理控制激情，慢慢来，不着急。

那么，有没有什么办法可以走出"三分钟热度"的怪圈呢？下面的方法可以参考。

——改变环境

——改变、拆解目标

——调整心态

——培养意志力

——获得成就感

【改变环境】

很多人因为对环境不满而坚持不下去，那么三分钟热度可以帮你改善环境。往积极方面想，至少你还有热情，你要做的就是利用这股热情改变令你不满的环境，创造可以让你坚持下去的新环境。

【改变、拆解目标】

目标设定得太难，等于在扼杀激情。当人们面对困难时，最容易导致拖延，这就需要及时改变那些无法完成的目标。此外，对目标进行拆解，分成一个一个小目标，少量、多次进行，就会更容易实现并且坚持下去。

【调整心态】

在完成任务的过程中遇到困难是很正常的事，沮丧、失望等坏情绪也是不可避免的。这就要求我们学会调整心态，尽快走出消极的负能量磁场，从而以积极饱满的情绪重新上路。

【培养意志力】

意志力差的人面对稍微困难的任务，便很难坚持下去。所以磨炼意志，努力提高坚韧性，是成功完成一件事的基本保障。

【获得成就感】

根据心理学研究的结论，人们在得到奖励之后，兴趣就会提升，更愿意重复做某件事。也就是说，可以坚持得更久一些。获得成就感的方法也很简单，通过实现简单的目标，让自己不断得到满足；同时学会分享，在朋友圈晒一晒你的成绩，有时候一个"赞"就会让你充满能量，继续投入工作。

【APP自疗神器1】你的时间都花在哪里了

存在拖延行为的人,都会在无意识状态下浪费时间。所以要想改善拖延行为,就必须知道自己的时间都花在哪里了。

高效能人士各有各的工作方法,低效能人士的拖延行为则如出一辙。以下是大部分拖延症患者的一天。

闹钟响了三遍才起床,匆匆忙忙赶到办公室。

已经到了正式上班时间,才开始不紧不慢沏一杯茶、泡一杯咖啡,拿出路上买的鸡蛋灌饼。

吃完了早餐,开始浏览新闻,告诉自己必须掌握第一手资讯。

新闻、热点看完之后,已经十点了,开始查看邮件,不时玩一玩手机,一看表到十一点了,准备订午餐了,在今天想吃什么这个问题上,又纠结了20分钟。

一上午就这样过去了,所有的工作就是发了几封邮件而已。

吃完午饭,美美地打个盹,或者去外面逛街,要不就是玩玩淘宝。

下午的工作时间到了,终于意识到还有很多任务没有处理,想要集中精力,却发现困得要命。在低效率的状态下做出一些毫无创意的文案,其内容基本都是无用功,因为每一次都会被退改。

找到状态已经是下午三点左右了,离下班还有两三个小时,再赶上临时会议,一天的有效工作时间只有不到四个小时。

这样的效率是不可能完成规定任务的,所以你每天都在加班。你的"刻苦"表现并没有赢得赞誉,更不要说升职加薪,因为你的效率极低。

每天完成工作回到家都已经十点了,这时的你已经累得精疲力竭,洗完澡之后就想躺在床上玩玩手机,然后赶紧睡觉,根本没有时间读书、进修,所以常年得不到晋升。

这就是一个低效能人士的一天,非常具有代表性。他们根本没有意识到时间都浪费在哪里了,每天快下班的时候才开始忙碌,焦头烂额却毫无效率,长期做着基础性工作,得不到升职加薪的机会,在不断地抱怨与跳槽中循环,却始终无法改变糟糕的状况。

低效能人士每天的工作时间其实并不短,甚至有些人一天要做 14 个小时,比私企老板的工作时间还要久。可是,有效工作时间有多少呢?他们没有统计过,因为根本没有意识。这一节内容就是要帮助低效能人士,认清自己的时间究竟在做什么,看看自己是如何浪费时间而不自知的。

一张纸,一支笔记录或者是用电脑做出一个表格,在 APP 时代,这些显然都是比较低效的做法。你只需要下载一个记录时间安排的 APP,且只需要几秒钟的时间就可以开始记录你的一天。

这里介绍一款名叫 A time logger 的 APP,由于没有网页版,我们下载 APP 进行讲解。这是一款很简单的时间记录软件,类似的软件还有很多,选择一款适合自己的进行记录即可。

我们结合重度拖延症患者李莉的情况进行讲解,看看她是如何浪费一天的时间的。李莉是一家私企的出纳,常年的出纳工作让她看不到希望,于是想要参加会计师认证考试,以期能够找一份会计的工作,从而提升自己。

李莉认真地记录了一天的时间消费,在没有运用 APP 之前,李莉是通过表格方式记录的。

时间	工作内容
07:30－09:00	起床,吃早餐,去公司
09:00－10:00	开始工作,看新闻,收邮件,查看股票
10:00－11:50	具体工作,对账,做报销表
11:50－12:50	吃午饭
12:50－13:30	逛淘宝,买东西
13:30－14:30	具体工作,跑银行,核对凭证
14:30－15:00	看股票收盘
15:00－18:00	具体工作,记账等
18:00－20:00	下班回家,做饭,做家务
20:00－21:30	会计师认证考试学习
21:30－23:00	洗澡,玩手机

先来看看李莉这张表格,可以说非常详细。对于想知道自己时间浪费在哪里的人来说,这种方法是很有必要的,在什么时间做了哪些事都一目了然。有些人会觉得这样做没有必要,如果你能够清楚地认识到自己的时间开销,那么的确没这个必要。但是大部分拖延症患者都不知道时间浪费在哪里了,所以最开始先不要急于求成,而要一步一步来。

通过这张表格,李莉发现了问题所在,她的有效工作时间其实并不长,很多时间都浪费在了私人事件上。而且她发现例如吃饭这种必须花费的时间其实不用记录,于是通过【A time logger】这款 APP 重新做了一份相对高效的计划表。

先介绍一下记录时间的正确方式,主要分为两种:全记录与部分记录。

全记录就是记录一整天的时间花销,面面俱到。李莉前面的表格就属于全记录方式。

优点：全面

缺点：麻烦，费时

适合人群：时间管理初学者，不知道时间都花在哪里的人

部分记录就是专注于某一件或者某几件事情，将主要事件详细记录，其他事件则忽略。在采用部分记录方法时，也可以结合二八法则。

优点：效率高

缺点：不够全面

适合人群：清楚全天时间花销，关注具体事件耗时的人

李莉在充分分析之后，通过部分记录的方式重新做了一份计划，用来记录实际花费的时间。

A time logger 的界面非常简单。

点击图标就开始计时，可以同时记录多项任务。不仅非常简便，还很容易养成习惯。

如图所示，该软件分类已经囊括了大部分项目，我们还可以根据实际情况进行添加。

点击●按钮会出现下图。

自己设定名称、颜色、图标即可,新添加的项目就会归到某一类别之中。比如早饭、午餐、夜宵,都可以归纳到"用餐"类别。

对于突发事件或者小概率事件,可以新建一个"其他"的类别,如图所示。

需要注意的是,总体类别不能太多,否则容易混乱。将平时最常用的类别放在前面,可以手动调整。这样很容易养成习惯,不用思考就知道该点击哪个图标,从而节省了时间。

分类之后,李莉将主要时间开销记录如下。

由于是讲解用,所以并没有按照精准的时间进行记录,只要读者能看明白就行。李莉的有效工作时间分为三个时间段,即看新闻收邮件看股票、对账做报表、核对凭证跑银行。添加项目之后便开始记录,完成之后点击停止,便可以查看具体用时了。

其他项目也是如此,利用这款 APP 要比表格制作精准得多,可以更加高效地了解自己的时间开销。

坚持记录行为,一周之后制作成统计表,具体分析时间都花费在了哪里。以李莉一天的工作任务为例,显然她在第一个工作时间段"看新闻收邮件看股票"上浪费了很多时间,且除了收邮件之外,其他都属于私人事项。

在午休时间段,吃完午饭之后的时间一般是用来"逛淘宝,买东西",同样是在浪费时间,这段时间完全可以用来学习,应对"会计师认证考试"。对于时间管理方面的初学者来说,通过"A time logger"记录时间开销非常有必要,能够弄清楚自己的时间都浪费在什么地方,从而做出相应调整。

还有一些读者大部分工作都是在电脑上完成的,使用 APP 实际上并没有节省时间,反而更麻烦。这类用户则需要网页版的时间管理软件,在此介绍一款桌面软件——ManicTime。

软件下载地址:http://www.manictime.com/download/。

这是一款数据收集软件,它可以记录电脑上各种软件使用所花费的时间以及电脑闲置的时间,还可供用户定制某一段时间内的系统活动。安装完成之后,它就隐藏在桌面右下角,不会影响工作。

使用 ManicTime 软件记录之后,当查看结果时很多人都会大吃一惊,自己在微信电脑版、QQ 上浪费的时间远比预想的要多得多。

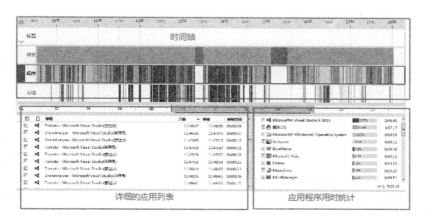

以上截图来自于我的一位作者,也是时间管理方面的专家荞麦女士的新书《高绩效时间管控》。通过上图可以看到,左下方的区域记录了每时每刻运行的程序,而右下方则是对于当天你所使用的程序的一个时间累计。

最上方是时间轴的一个图示,每一种程序都有自己的颜色,不同程序颜色不同。高效的工作状态是这样的:在时间轴上显示出大块的同色,表示你一直专注于某一种工具。也就是说,你的工作焦点一直保持在一个程序上,如图所示。

大部分拖延症患者都存在分心的问题,那么他们的记录往往是这样的。

说明总是在不同软件之间切换,显然工作效率不会很高。

对于经常使用电脑的时间管理新手来说,ManicTime 可以很好地查看你在各程序之间花费了多少时间。假设李莉在晚上想要通过电脑学习相关的会计知识,以顺利通过考试,然而 QQ、微信不断干扰,如果一一回复,那么就无法集中注意力,时间也就被浪费掉了。

有人说,关掉微信、QQ 不就行了吗?没错,但前提是你需要知道时间浪费在哪里了。而拖延症患者往往没有意识,他们很开心地跟好友聊天,回答各种问题,结果时间一分一秒被浪费了。

【APP自疗神器2】番茄工作法VS拖延症——pomotodo番茄土豆

番茄土豆这款时间管理 APP 可以说是应用最广泛且非常好用的,用它对付拖延症一定会达到效果,已经被无数时间管理的爱好者视为经典。下面我们进行具体介绍。

首先,进入官网下载软件:https://pomotodo.com/。

这里提供各种版本的下载，IOS版、Android版、Mac桌面版、Windows桌面版、chrome拓展，本书介绍的内容大都来自于Windows桌面版。

番茄土豆这款APP主要是为了提高工作效率而设计，结合了番茄（番茄工作法）与土豆（To-do list）理念，是提高工作效率、改变拖延症的有效武器。这款APP出自两位90后同学，他们相当有才。

番茄工作法的理念是，由于大脑可高效集中精力的时间为25分钟左右，所以便将每个任务的工作时间段设为25分钟，之后休息 5 分钟，让大脑在固定时间内保持最高效率。

To-do list 的理念则是基于 GTD 理论，是将头脑中的各种任务移出来，而集中精力于正在完成的事情。

两者结合，可确保每一项任务在 25 分钟之内得到最高效的执行。

番茄工作法流程如下。

（1）每天上班之前规划当天需要完成的任务，将任务逐项写在列表里。现在很多高效人士，都是在前一天晚上做好第二天的计划。

（2）设定番茄钟，时间是 25 分钟。

（3）开始第一项任务，直到 25 分钟到时。

（4）停止工作，在列表里画个 ×。

（5）休息 3~5 分钟，进行放松。

（6）开始第二个番茄钟，继续该任务。如此循环，直到完成该任务，并在列表里将该任务划掉。

（7）每四个番茄钟后，休息 25 分钟。

在某个番茄钟的过程中，如果有突发事件或突然需要做某事——

① 紧急事件。停止这个番茄钟并宣告作废，哪怕还剩 5 分钟就结束了也不要可惜，先处理紧急事件，之后再重新设定番茄钟；

② 非紧急事件。在该项任务后面标记一个逗号（表示打扰），并将这件事记在另一个列表里，例如叫作"计划外事件"，然后接着完成这个番茄钟。

原则

（1）每一个 25 分钟的番茄时间原则上不可分割，实际上可以灵活一点，自行调整，例如你只能在 15 分钟的时间内保持专注，那么就将番茄钟设定为 15 分钟。

（2）在一个番茄时间内，如果分心做一些与任务无关的事情，则表示该番茄时间作废。

（3）番茄工作法不适用于非工作时间，例如陪孩子玩耍、踢一场足球比赛，这些都没法运用番茄钟。

（4）不要用番茄数据相互比较，即只跟自己纵向比较，不跟别人横向比较。

（5）番茄的数量与任务成败没有直接关系。

（6）找到适合自己的作息时间表。

案例详解——25分钟样节策划

点击"启动应用"按钮。

进入开始页面。

点击"开始番茄"。

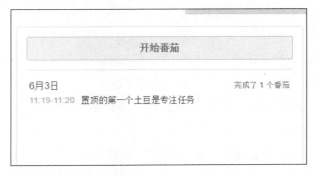

第一个 25 分钟计时开始。

为本次任务命名为"设计番茄土豆样节"。

在一本书选题立项之前,要给出目录、样节、作者简介、内容简介等策划报表。出版社拿到报表就开选题会,论证通过之后正式立项开始写作。

由于策划是一本书比较困难的环节,十分耗费精力,所以我决定借助于番茄土豆这款 APP 提升工作效率。平时我在做策划的时候,经常会因为各种琐事分心,例如接听电话、处理作者的留言等,导致整个下午都无法做出一个完整的策划案。

这次我试图通过 APP 改变自己的拖延行为，第一个番茄钟，我希望可以完成样节的写作。

25 分钟开始之后，电脑出现了计时的声响，紧张感一点一点袭来，让我想起了热门美剧 24 小时。我开始迅速进入写作状态，虽然有点紧张，但是总感觉有人在催促我，所以拼命写作。

我觉得这个番茄时钟设计得很好，Windows 版是这样的。

以倒计时的形式，加上"嘀嘀"的声响，就可以很好地提醒使用者抓紧时间。

手机版是这样的。

这个细心的小设计可以在很大程度上提升效率,尤其是紧张的滴滴催促声,让我觉得时间在飞速流逝,打字速度都变快了不少。

在主界面任意分页下,点击最上方的软件图标便可进入番茄时钟界面。任务开始后,番茄时钟便会自动计时,无论是单个番茄时间的结束,还是休息时间的结束,都是自行提醒用户。整个过程中,用户无须分心查看时钟,只管专心工作与休息,从而达到工作效率及休息效果的最大化。在提高工作效率的同时,用户也不会出现额外的疲倦感。

也就是说,只要计时开始,我就再也不用关注时间了。这25分钟就是我创作的时间,其他一概不想,到时间会发出结束提醒,最高效的那段时间过去了,我就可以休息五分钟再来。

25分钟的时间很快就到了,我没有完成这一节的写作,因为我被某一个作者打扰了,他来询问我选题的事情。这时应该怎么做呢？

（1）如果是非做不可的情况，取消这个番茄钟并宣告作废（哪怕还剩5分钟就结束了），去完成手头的事情，之后再重新开始同一个番茄钟。

写书是我的副业，平时主要工作还是策划选题，每天经常会被各种作者打断，所以如果不是客户找我，我不一定立即回复。因此，我决定没必要结束这个番茄钟，稍后再去回复。所以，我选择了第二种做法。

（2）不是必须马上去做的话，在列表里该项任务后面标记一个逗号（表示打扰），设计样节，并将这件事记在另一个列表里（比如叫"计划外事件"），然后接着完成这个番茄钟。

利用5分钟休息时间回复xx作者

虽然没有即刻回复作者，因为我怕扰乱写作思路，但这样的事以前经常发生，用了这款APP之后，情况才有所好转。我继续专心写作，直到第一个番茄钟到时。

我没有写完样节，这时我决定休息一会，同时喝口水，然后查看QQ留言，回复刚才那位作者。

之后我设定了第二个番茄钟，完成了样节写作。初步分析之后，我觉得通过番茄土豆这款APP达到了以下几个目的。

（1）增加了紧迫感。"嘀嘀"声让我感觉到时间在流逝，所以会有意识提高工作效率。

（2）提升集中力和注意力，减少中断。白天我的事情很多，接电话、处理信息、做杂事，要想静下心来写点东西，一般只能在晚上。现在我可以将它们暂时记下来，在每一个番茄钟结束之后再去处理，当然紧急情况除外。

（3）唤醒激励和持久激励。滴滴声不仅给我以紧迫感，还可以激励我，要在25分钟之内尽可能完成任务，这样效率就比以往提升了更多。

（4）完善预估流程，精确地保质保量。使用这款APP之后，工作整体性更强，完全按照之前的预估流程进行，从而确保了质量。

（5）决断力提升，很多事可以迅速决策。遇到一些不要紧的决定，我会比以往更快速地进行决策。因为在番茄钟之内，我很清楚必须尽快决定，否则就会浪费时间。

经验技巧

使用一段时间之后，根据个人实际情况，总结出了一些经验技巧。

（1）要么用手机版本，要么用电脑版本，看你的习惯，但不要同时使用。一般情况下，可以用手机版，因为很多人每隔几分钟就要看一次手机。既然如此，顺道看看番茄土豆里的任务，可以起到强化反馈的作用。

（2）合理设置番茄时间段，尽量将重要工作放在状态最好、思路最清晰的时段。每个人根据自己的习惯设置，大部分人在

8:30–11:00、15:00–17:00 两个时间段效率最高，还有人喜欢在晚上工作。不一定所有工作都要纳入番茄时间段，找到适合自己的工作节奏即可。

（3）如果在既定的番茄时间段内没有完成任务，顺延即可，这种情况很常见，必要时加班也要完成当天任务；同时，你需要增强任务规划能力，有效评估时间，以提高效率。

（4）预留出应急时间。工作中被打扰是不可避免的，所以可以预留 5 分钟作为应急处理时间。

案例详解——"备考"

一位网友为了参加某项考试，专门做了一千多个番茄钟强化任务，我们来看看她的经验。

她选用的是手机版的番茄土豆，看中的则是倒计时功能，她把计时的任务交给软件，自己就不用分心关注时间了，只要设计好在某个时间段需要完成哪些任务就可以。

她根据自己的情况，选择了头脑最清晰的时间段：9:00–11:00 AM 9:00–11:00 PM。

也就是说，她一天进行考试复习的时间设定为 4 个小时，平均制定 9.6 个番茄钟，她一般是 9 个。

每一个番茄钟都用来做一套练习题，每天就可以完成 9 套。在开始之前，她会先思考一下，这个时间在 30 秒之内，想一想这个番茄要做什么、达到怎样的效果。番茄到时之后，她还会用 30 秒的时间进行检查，看看自己的完成度。这也是她的独有技巧。

这个姑娘是一个拖延症患者，已经到了"病入膏肓"的程度，所以才想到用APP改变自己的状况。而且她的目的明确，就是突击做题，利用题海战术应付某次考试。

如果是老师，肯定不赞成这样的做法。但是我认为，如果考试并不十分重要，而且这样短期突击的方法如果奏效，何乐而不为呢？你完全可以利用省出来的时间去做其他事。

这个姑娘刚开始使用Pomotodo（番茄土豆）这款软件时，并没有那么顺利，因为之前拖延成性，很多事情都会让她分心，所以她甚至连25分钟的精力都很难保持。她自己统计了一下，平均15分钟就会走一次神，要么刷微信，要么聊qq，总之好像很忙碌的样子。

最开始，她会坚持做满25分钟，等到番茄钟响了才停止，但是却发现一旦分心走神，之后的时间便很难集中注意力，坚持做满剩下的时间其实是在浪费。结合自身情况，她做出了改变，将番茄钟缩短为15分钟。她认为"小番茄"更适合自己，既能做完，又有成就感，最关键的是保证了效率。

我很认同姑娘的做法，就应该灵活一点，根据自己的实际情况设置番茄钟。如果你是拖延症深度"病患"，想必你所能集中注意力的时间也是很短暂的；如果你只能集中注意力10分钟，那么不妨就把番茄钟设为10分钟，这远远要比按照25分钟的标准更有效率。

执行计划

还是讲这个姑娘的案例。她为了应付一些战线拉得很长的考试，需要利用番茄钟制订计划，否则就会像之前一样，学着学着就不知道做什么了。

应对诸如 CPA、托福、司法考试这类，准备时间久、复习内容多、战线拉得长的计划，一定要事先做好充足的准备，并通过番茄钟贯彻执行下去。

第一步以月为周期设定计划，列出每月的复习量。姑娘的方法是，第一个月至少过完一遍备考书目，第二个月做完书里的全部习题。

第二步列出每周的计划。既然每个月要将所有书都看一遍，那么假设所有书加起来总计 4 000 页，那么每周则需要看 1 000 页。

第三步要列出每天的计划。每周 1 000 页，那么平均到每天就是 142.8 页，我们不可能保证每天都有时间读书，万一遇到其他情况，每天的计划就变成了 142+×× 页。

计划列出来了，下面就要执行了。以标准番茄钟 25 分钟计算，根据平均读书速度，估算出总共需要多少个番茄钟。

姑娘计算之后得出结论：

❖ 上午 9:00–11:00 的时候每个番茄钟可以完成 25 页，也就是一分钟一页，当然她并不是精读；

❖ 晚上 9:00–11:00 的时候每个番茄钟可以完成 30 页，因为安静没有打扰，所以晚上的效率更高一些；

❖ 其他时间段每个番茄钟只能读完 10 页左右。

这样计算下来，在最高效的 4 个小时内，她可以读完 110 页书，需要设定 9.6 个番茄钟。剩下 32 页内容，则需要在另外 3 个番茄钟内完成。

为了完成每天的目标，姑娘平均要设定 13 个番茄钟，每周需要 91 个番茄钟，而每个月则需要 364 个番茄钟。

整体一看确实有些吓人，意味着花费在读书上的时间要达到

364×25 分钟 =9 100 分钟，约合 151.6 个小时。

计划出来了，姑娘也有点慌了，她怕坚持不下去，而且觉得有点浪费时间。这时她想到改变目标，把泛读改为精读，只做重点题目。

精简之后，每个月看书的时间大概需要 100 个小时，于是她感到轻松多了，而且效率不降反增。